呵护碧水清流 建设幸福河湖

——成都市强化河湖长制的探索与实践

水利部发展研究中心 编

中国水利水电出版社
www.waterpub.com.cn
·北京·

内 容 提 要

本书通过典型案例集中反映了成都市全面推行河湖长制、建设幸福河湖的实践成果，从强化履职、共治共享、河湖管护、城乡融合发展以及幸福河湖建设等方面展示了成都市的经验做法，可为各地强化河湖长制工作、建设造福人民的幸福河湖提供实践参考。

本书可供从事河湖治理保护相关工作的管理、科研、技术人员参考使用，也可供密切关心河湖长制以及河湖治理保护工作的社会公众阅读。

图书在版编目（CIP）数据

呵护碧水清流　建设幸福河湖 ：成都市强化河湖长制的探索与实践 / 水利部发展研究中心编. -- 北京 ：中国水利水电出版社，2024.8. -- ISBN 978-7-5226-2316-0

Ⅰ．TV882.871.1

中国国家版本馆CIP数据核字第2025128QK6号

书　名	**呵护碧水清流　建设幸福河湖** ——成都市强化河湖长制的探索与实践 HEHU BISHUI QINGLIU　JIANSHE XINGFU HEHU ——CHENGDU SHI QIANGHUA HEHUZHANGZHI DE TANSUO YU SHIJIAN
作　者	水利部发展研究中心　编
出版发行	中国水利水电出版社 （北京市海淀区玉渊潭南路1号D座　100038） 网址：www.waterpub.com.cn E-mail：sales@mwr.gov.cn 电话：（010）68545888（营销中心）
经　售	北京科水图书销售有限公司 电话：（010）68545874、63202643 全国各地新华书店和相关出版物销售网点
排　版	中国水利水电出版社微机排版中心
印　刷	天津嘉恒印务有限公司
规　格	170mm×240mm　16开本　12.75印张　196千字
版　次	2024年8月第1版　2024年8月第1次印刷
印　数	0001—1000册
定　价	**68.00元**

凡购买我社图书，如有缺页、倒页、脱页的，本社营销中心负责调换

版权所有·侵权必究

编委会

主　　任　刘小勇

副 主 任　刘　卓　戴向前

编　　委　陈　晓　李禾澍　陈　健　孟　博
　　　　　王佳怡　李宛华　白丽群　张　琦

前言

全面推行河湖长制，是以习近平同志为核心的党中央，立足解决我国复杂水问题、保障国家水安全，从生态文明建设和经济社会发展全局出发作出的重大决策。2016年12月、2017年12月，中共中央办公厅、国务院办公厅先后印发《关于全面推行河长制的意见》《关于在湖泊实施湖长制的指导意见》。全面推行河湖长制的实践充分证明，这项制度完全符合我国国情水情，是江河保护治理领域根本性、开创性的重大政策举措，是一项具有强大生命力的重大制度创新。

全面推行河湖长制以来，成都市始终强化政治担当，坚持人民至上，厚植"江河情怀"，建立并持续完善河湖长制组织体系，强化河湖长履职，推动河湖治理保护各项任务落实落地，从开展河湖"清四乱"等重大专项行动到推进幸福河湖建设，实现了从专项治理、局部治理到流域治理、系统治理的转变，蓉城大地水更清、河更畅、湖更美，人民群众的获得感、幸福感、安全感显著增强。本书共精选了32篇典型案例，从强化履职、共治共享、河湖管护、城乡融合发展、幸福河湖建设等方面集中反映了成都市全面推行河湖长制、努力建设造福人民的幸福河湖的实践成果。

在案例收集编选过程中，得到了成都市河长办的全力支持与指导。市河长办领导亲自部署，为案例编选提供了方向性指引，在此谨致以最诚挚的谢意。同时，感谢成都市河湖保护和智慧水务中心在案例挖掘方面给予的重要协助。特别感谢成都市各区（市、县）河长办的积极配合与大力支持，各区（市、县）提供的丰富实践案例和宝贵经验，为本书的编选奠定了坚实基础。

本书的出版，是成都市全面推行河湖长制、建设幸福河湖工作成果的集中展示，也是对未来工作的有益借鉴。我们相信，成都的河湖长制与河湖治理保护工作必将取得更大的成绩，助力美丽宜居公园城市建设。

"天地有大美而不言"，再次感谢所有支持者的无私奉献与帮助！

编委会
2024 年 8 月

目录

前言

引言　守护蓉城碧水　共绘幸福画卷 ·················· 1

一、强化履职　彰显政治担当

考核"点对点"　追责"硬碰硬"　奖励"实打实"
　　——成都市深化河长制激励考核机制做法与启示 ·········· 7

御河无河　心中有水
　　——青羊区西华门社区积极探索"陆域河长"履职尽责
　　新策略 ····························· 12

精准长效管理考核　夯实基层河长制工作
　　——温江区深化河长制激励考核机制做法与启示 ·········· 17

灌区河长护航　重塑千年水网
　　——彭州市灌区河长统筹联动助力更高水平天府粮仓建设 ······ 21

统筹要素　共护一方清水
　　——彭州市丽春镇基层河长履职实践 ··············· 27

二、共治共享　打造治水管水新模式

河道警长制精准助推河湖协同治理
　　——青羊区生态警务室构建水生态保护新秩序 ··········· 33

"微网实格"治理体系赋能基层河湖管护
　　——金牛区基层河湖管护实践 ………………………………… 37
全民协作构建护水管水新格局
　　——武侯区公众参与河湖管护实践 …………………………… 43
"河长制＋生态司法"筑牢河湖保护法治屏障
　　——武侯区生态司法修复基地实质化运行案例 ……………… 48
"河长制＋丰行侠"激发河湖管护新动力
　　——新都区基层河湖管护模式的创新与实践 ………………… 53
"河长制＋点长制"助力河湖生态环境治理
　　——双流区创新治水新模式探索与实践 ……………………… 60
牵起家校之手　共建幸福之河
　　——双流区河长制进校园的探索实践 ………………………… 66
全民参与　绘就水清岸秀"大幸福"
　　——彭州市全民参与河湖治理经验与启示 …………………… 72
从"治好水"到"管好水"的赶考之路
　　——高新区新川片区"物业城市一体化"河道管护 ………… 78

三、智慧赋能　河湖管护提质增效

数字孪生　智慧赋能　共护河湖
　　——成都市智慧水务建设探索与实践 ………………………… 85
数字赋能智慧河湖建设
　　——青羊区创建基层河长制数智社区 ………………………… 91
"一张网一张图一平台"的"智"水之路
　　——新津区"三个一"推动幸福河湖建设 …………………… 97
技术赋能河长制护河　第三方考核深化监管
　　——高新区创新构建河长制第三方考核与数字化监管体系 …… 103

四、以绿换金　助推城乡融合发展

以水润山优环境　以水为媒促发展
　　——龙泉驿区红旗村以河湖长制助力乡村振兴实践 …………… 111

党建"红"引领河长治　生态"绿"助力产业兴
　　——青白江区十八湾村河湖管护促进乡村振兴实践 …………… 115

嵌入"绿水"拼图　绘就乡村振兴幸福画卷
　　——新都区水梨村生态价值转化的有益探索和实践 …………… 121

守水清岸绿　护景美人和
　　——郫都区强化徐堰河综合治理　推动生态价值转换 ………… 127

古堰善治　让绿水流淌成金银河
　　——都江堰市以河长制为抓手　推进人水城相融发展 ………… 134

水美乡村富民记
　　——蒲江县以河长制为抓手助力乡村振兴探索实践 …………… 140

五、人水和谐　建设幸福河湖

烟火里的河　蜿蜒在公园城市的幸福脉络
　　——武侯区江安河幸福河湖蝶变记 ……………………………… 149

创新水生态修复　打造新"顶流"公园
　　——成华区以河长制为抓手打造幸福河湖示范区 ……………… 155

河长统领治水兴水　全民共建共享共赢
　　——成华区锦江（府河）幸福河湖建设探索与实践 …………… 160

践行公园城市理念　描绘幸福河湖画卷
　　——龙泉驿区东安湖公园幸福河湖建设路径探索 ……………… 166

画舟重泛南河畔　水润邛州展新颜
　　——邛崃市细绘南河幸福河湖生态画卷 ………………………… 172

江水润古镇　河湖展新颜
　　——邛崃市白沫江幸福河湖建设实践 …………………… 177

做优公园城市水生态　书写幸福河湖新答卷
　　——天府新区诠释鹿溪河蝶变之路 ………………………… 182

绘就山水人城和谐相融公园城市新画卷
　　——天府新区以幸福兴隆湖诠释水美新天府 …………… 187

引言

守护蓉城碧水　共绘幸福画卷[*]

保护江河湖泊，事关人民群众福祉，事关中华民族永续发展。以习近平同志为核心的党中央站在人与自然和谐共生的战略高度，加快推进生态文明建设，作出全面推行河湖长制的重大战略部署。习近平总书记亲自谋划、亲自部署、亲自推动这项重大改革。中共中央办公厅、国务院办公厅2016年印发《关于全面推行河长制的意见》，2017年印发《关于在湖泊实施湖长制的指导意见》。在各地各有关部门的共同努力下，河湖长制在全国迅速推行，在实践中产生良好成效，为探索形成有中国特色的生态文明体制积累了宝贵经验。

成都市地处四川省中部、四川盆地西部，属长江流域岷江沱江水系，岷江及沱江干流穿越市境，其中岷江流域面积占全市总面积的55.1%，沱江流域面积占44.9%。流域面积1000 km^2 以上的河流8条，总长度737km；流域面积50~1000 km^2 的河流98条，总长度2989km。岷江是成都市最主要的河流（成都市境内岷江河段称金马河），一级支流有4条，依次为龙溪河、白沙河、西河、南河（府河、南河统称锦江）。沱江在成都市境内的支流包括湔江、毗河、青白江（中河）、绛溪河、环溪河、球溪河、九曲河以及其他山溪河流。

2017年以来，成都市始终坚持以习近平新时代中国特色社会主义思想为指引，深入践行习近平总书记"节水优先、空间均衡、系统治理、两手发力"治水思路，坚决贯彻党中央、国务院、省委、省政府关于全面推行河湖长制的决策部署，夯实基础、完善制度、健全机制、治污治

---

[*] 本节部分内容节选自2024年6月25日《中国水利报》第2、3版《守护蓉城碧水　书写幸福答卷》。

乱，奋力推动河湖长制从"有名有实"向"有能有效"转变。8年以来，全市114个地表水断面优良水体率从2016年的70.5%提升到100%（2022年、2023年连续两年达100%），38个国、省控断面水质全部达标，Ⅱ类水质断面率达76.3%，习近平总书记关心的锦江黄龙溪国控断面水质连续43个月保持Ⅲ类及以上，2023年首次全年达Ⅱ类，创历史新高。

河湖长制的核心是责任体系。成都市按照"党政同责、一岗双责"原则，构建双总河长领导、覆盖到村的"三级党政领导、四级河长管理"的河长组织体系，全市设立河长10932名、河道警长214名。成立成都市总河长办公室、市河长制办公室，强化河长制工作统筹协调和指挥调度；设立锦江、金马河、沱江三大流域河长制推进办公室，充分发挥市级河长联系单位作用；优化调整市河长制办公室成员单位，明确部门职责，形成工作合力；设立河长制工作处，构建工作实体机构，落实专门编制和职数，为深化河长制工作提供力量保障。

河湖长制见成效，河湖长履职尽责是关键。成都市以履职标准化、督查常态化、考评电子化，破解河湖长"不愿为、不会为、不作为"的困境。2017年以来，依托成都市河长制管理信息系统，各级河长巡河596.2万余人次，发现并解决问题25.57万余个。完成环保督查涉水1897个问题整改，发出黄牌警示单17张，红牌警示单2张，解决了一批市域内涉河涉湖"疑难杂症"。开发成德眉资河长制E平台，汇聚四市水系、河长信息等各类河长制基础数据和巡河记录、巡查问题等业务数据1.97亿条，合力打造"系统共融、信息共享、问题共决"河湖管护"朋友圈"。

2022年，成都市制定了"十四五"水务发展规划，全面推进以数字孪生为驱动的智慧水务体系建设。空间覆盖全面、属性填写完整的成都水系"一张图"被纳入融合共享的水务智慧"大脑"，为河长制智慧化管理赋能。2018—2023年，依托大数据、人工智能等技术深化运用，成都河长制管理通过探索智慧治理新模式，推动实现了水系"一张图"总览全域、河长履职协同闭环、系统治理全面精准高效，助力成都打造全面强化、标本兼治的幸福河湖。全面推动智慧水务建设，建设成德眉资河长制E平台，推进数字孪生流域建设，打造空-天-地一体化感知网格，配套物联感知设备26万余个，归集10.6亿条数据，实现河长制管理"数字化场景、智慧化模拟、精准化决策"。

坚持"人民城市为人民，人民城市人民建"理念，建设3047个基层河湖标准化管理体系，实现村社全覆盖，深化"河长＋公、检、法、纪、政协"等协作机制，引导民间河长参与河湖管理保护，创新"一河一校"模式，组织"最美河湖"等评选活动，构建"导向清晰、多元参与、良性互动"的全民行动体系。积极探索"河长＋公众"模式，鼓励"党员河长""银发河长""专家河长"等护水志愿者队伍建设，持续举办"最美河湖""最美护河人""最美河道警长"评选，开展"绿水青山、最美河湖"中小学征文绘画主题活动等，将河湖保护理念贯穿始终，达到"教育儿童、带动家庭、辐射社会"效应。主动接受社会监督、回应群众关切，畅通群众监督和问题反馈渠道，营造共建共享共治共管良好社会氛围。

2023年10月，成都市发布《天府蓝网总体建设规划》，实施以"蓉水""融岸""荣城"为核心的天府蓝网建设，涉及全域范围内的河湖水系空间、岸线空间和滨水街区、场镇、农业及生态空间。依托锦江打造"一带、一核、十二景区、二十三园"的"蜀都味、国际范"都市滨水锦江公园，全线贯通都江堰至黄龙溪220km锦江绿道，亮丽呈现锦江、江安河、东安湖等一批滨水空间，深度融合发展文体商旅新兴业态。围绕"郊野段抱水促发展、城市段拥水建公园、新区段退水护岸线"思路，聚焦水生态价值向美学价值、经济价值、人文价值、生活价值转化，对锦江150km干流实施分段建设，成功打造"夜游锦江"、大川巷等一批休闲旅游新名片和旅游街区示范段，高质量推动锦江功能"第三次转型"，实现了特大型城市河道水质从劣Ⅴ类提升到Ⅲ类的重大突破，生动诠释了建设践行新发展理念的公园城市示范区的河湖表达。围绕"水资源有保证、水安全有保障、水生态有保护、水文化有底蕴、水景观有特色、水价值有体现、水管理有创新"标准，培育水产旅融合型、水生态保护型、水文化传承型水美新业态，建设水美乡村、建设幸福河湖，提升绿色经济效益，实现水美促进民富。

在成都市，每到节假日，"夜游锦江"的照片都会在一批游客的微信朋友圈里刷屏，抑或转战"城市绿心"兴隆湖畔感受城市里的诗和远方……幸福河湖建设、公园城市打造，带给成都市民更多"巴适安逸"。2023年，成都市入选水利部公布的2022年度河湖长制工作拟激励市县名单；锦江水生态治理实践等7个案例入选2019—2023年全国全面推行河湖长制典型案例；成都市"互联网＋大数据"治水模式、彭州市成立村级河长制工作站入选全国基层治水十大经验；《四川省成都市发布总河长令持续深化河长制》入选水利部《推动新阶段水利高质量发展2022年度进展报告》；在水利部举办的五届"守护美丽河湖"短视频征集活动中，65部作品共获得85项奖项，成都市河长制办公室连续四年荣获优秀组织奖，位居全国前列；全市15个区（市、县）获评水利部节水型社会建设达标县（区），成都市受邀参加第18届世界水资源大会并作治水实践主题交流发言。

一杯清茶，一卷书香，透过水下书店的玻璃幕墙可以看到湖面上的打捞作业船摇曳在湖光山色间，狐尾藻、苦草等数十种沉水植物在湖底蓬勃生长；站在观景平台远眺，周围坐落着人才聚集的科学城、发展迅速的成都科创生态岛……这里就是天府新区鹿溪河上的明珠兴隆湖。聚力建设公园城市先行区的天府新区，将鹿溪智谷示范段作为天府蓝网示范项目，以"鹿溪智谷"为发展核心，按照"拥绿亲水、组群发展、城乡融合"的发展思路，从沿路发展到沿河沿绿发展。

水润蓉城，万象更新。成都市将继续深入践行"绿水青山就是金山银山"理念，全力以赴打造集安澜、生态、宜居、智慧、文化、发展于一体的幸福河湖，让碧水清波成为公园城市的鲜明底色，生动诠释人与自然的"双向奔赴"。

一、强化履职 彰显政治担当

考核"点对点" 追责"硬碰硬" 奖励"实打实"

——成都市深化河长制激励考核机制做法与启示[*]

【摘　要】　2017年2月,成都市印发《关于全面实行河长制管理工作的实施意见》,河长制工作正式落地生根,全域范围内河、湖、库全面建立党政河长,实现"有人管"。建立科学有效的考核评价体系是保障"河长制"有效落实、实现水环境治理常态化和规范化的重要保障。成都市整合多方资源,不断深化河长制考核机制,持续探索优化,逐步构建了集考核、追责、激励为一体的常态化考核体系,探索出了"考核'点对点',追责'硬碰硬',奖励'实打实'"的河长制工作新路径,实现了"河长制"到"河长治"。

【关键词】　河长制考核　考核激励　反向追责　智慧化考核

【引　言】　流域水环境治理是一项复杂的系统工程,涉及上下游、左右岸、不同行政区域和行业。河长制是落实属地责任、统筹水环境治理的重要途径和手段。四川成都市作为率先探索开展"河长制"并建立相应组织体系的区域之一,五年来,逐步完善以河长为核心的激励考核工作体系,推行智慧化、差异化考核,采取年度考核、日常考核与重点考核相结合的方式,兼顾正向激励与反向追责,全域河湖有了极大改善。

一、背景情况

回拨历史的指针,马可·波罗在游记中曾为成都的水记下了这样一笔——"成都有很多河流,有的环绕城市,有的穿城而过……"无数古老的传说故事,为成都增添了丰富的色彩……

---

[*]　成都市河长制办公室供稿。

成都位于长江上游，属长江流域岷沱江水系。岷江及沱江干流穿越市境，都江堰灌区渠系与自然水系纵横交错形成了成都平原水网。2017年2月，成都市委市政府深入贯彻落实习近平生态文明思想，积极践行"绿水青山就是金山银山"的理念，全面推行河长制，建立市、县、乡、村4级河长组织体系，设立河长6878名，设立"河道警长"239名。但在工作过程中，逐渐暴露了监管手段落后、考核标准及内容不明确、正向激励不足等问题。基于此，本文就成都市如何进一步提高河长制管理工作效率，促进激励基层河长履职尽责，促进公平考核进行分析、总结，从而更好地解决问题、提供经验。

二、主要做法

成都市坚持以习近平生态文明思想为指导，贯彻落实党中央国务院和省委省政府决策部署，建立以河长为核心的激励考核工作体系，兼顾正向激励与反向追责，推行智慧化、差异化考核，日常考核、定向考核与年终考核相结合，厘清水污染防治责任，客观、科学反映河湖治理成效，倒逼各级河长履行牵头抓总责任，推动全市水质持续向上向好。2021年，全市地表水质量总体呈优，优良水体率达97.4%，其中，锦江黄龙溪国考断面水质自2020年6月以来一直稳定保持Ⅲ类及以上，在全国率先实现大城市河道水质从劣Ⅴ类到Ⅲ类的重大突破。2020年11月14日，习近平总书记在全面推动长江经济带发展座谈会上再次肯定了锦江治理成效。

（一）求善，强化顶层设计

激励考核机制是河长制工作的"风向标"和"指挥棒"，成都市从目标及结果的角度对河长制总体工作进行引导规范，不断完善考核细则，在2017年、2019年、2022年对年度考核制度进行了三次重要调整，同时，完善日常考核和专项考核内容：2020年实行河长述职评议制度，2021年实行"红黄牌警示、红黑榜通报"的日常差异化考核制度，设立"市总河长任务交办单"针对性整改难点问题。通过一系列优化调整，形成了"年度考核＋日常考核＋专项考核"的模式，在促进各级河长湖长履职尽责、增强公众关爱河湖保护河湖的意识等方面发挥了重要作用。

（二）求实，坚持奖惩并重

在规范各级河长履职尽责的基础上，尤其注重奖惩并重。成都市单独设置财力资金3000万元，以奖代补，推动奖励资金与考核结果"硬挂钩"，对全年河长制工作考核结果进行排名，不超过40%的区（市、县）获得一、二、三等奖，获得不同额度的财政资金专项奖励，同时要求市级财力奖励的各区（市、县）要配套不少于实际财力奖励额度的县级财政资金，对激励镇（街道）、激励村（社区）和其他考核成绩优异的镇（街道）、村（社区）进行财政资金奖励；对专项工作特别优秀的县、乡、村发布"红榜"表扬通报。成都市在年度考核和日常考核中，将履职情况及问题整改情况作为考核重要标准之一，强化考核结果运用，《成都市河长制管理红黄牌警示红黑榜通报制度（试行）》中，将久治不绝的水环境问题纳入督查范围，并设置预警、警示、通报、问责等追责方式，县级河长管辖河道扣分后低于80分被警示；低于70分被约谈并全市通报；低于60分作全市通报批评，并启动问责程序倒逼问题整改和规范履职。

（三）求真，改革考核内容

考核内容及标准是考核体系的核心组成部分，流域水环境治理复杂、水质改善也非一日之功，需要久久为功，"一锤接着一锤敲"。成都市在实际工作中不断完善考核体系，逐步将"一刀切""一个标准"转变为与自身条件和本地条件相匹配的考核内容，尤其注重人员身份、量化标准以及自身条件和本地条件的差异性。

（1）强调身份差异。科学划分，将考核对象分为河长、河长办与成员单位三个方面。其中根据河长及河长办的级别，划分为县级、镇级、村级三级，并按照不同的类型特点、地域分布、资源条件、任务要求等分解目标责任。

（2）细化考核指标。成都市建立"市级河长主督、县级河长主治、镇级河长主管、村级河长主巡"机制，根据各级河长及河长办在整个组织体系中管理职责不同，市级河长及河长办主要在设定年度工作要点、组织协调、拟定政策、激励考核方面考核；县级河长及河长办主要是充分领会上级精神，创造性地完成各项任务，并有效指挥和考核乡镇、村级工作；乡镇级主要是直接指挥和监督河长制工作落实和实施，并及时反映问题；村级河长主要是完成具体的河长制工作任务。

（3）科学量化分值。一是全面构建考核指标库，根据每年的具体情况选择最能体现工作成效的相应指标并进行最终考核。二是赋分权重上求新。将赋分分为共性指标和差异化指标两部分，共性指标针对本年度河湖治理工作的重点任务，差异化指标结合特色，根据区域差异化等特点，赋分权重各有侧重，如核心区域对"总污染物减排"指标中要求实现总量"只减不增"，对近郊、远郊区域要求"实行现存量消减量的1倍置换"。

（四）求效，创新考核方法

成都市河长制工作考核从全覆盖、常规式考核，逐步延伸到智慧化、日常化、多元化的考核方式，做到既严格考核，又不增加基层负担。

（1）"智慧化"数字考核。借助"成都市河长制管理信息系统"构建"制度＋技术"并行的考核"新生态"。通过线上功能模块的数据互通，量化考核工作，不断减少人为因素对考核结果的影响，增强考核结果客观性、公平性和公正性，实现全员无感、量化考核，并汇总成绩，发布《关于河长制差异化在线考评结果的通报》。

（2）"三位一体"立体考核。围绕考准考实实绩的原则，构建年度考核、日常考核和专项考核"三位一体"的多角度、立体化考核体系，做到"简考核"不"减实效"。年度考核突出全面和实效，全面考察各区（市、县）河长制工作推进总体情况。专项考核突出履职和结果。市总河长针对难点、痛点问题，点对点下发《市总河长任务交办单》，年末下级总河长向上级总河长进行述职。日常考核突出问题和整改，全年有专人进行"四不两直"日常巡查工作，强化水环境突出问题的督查整改。2021年，共发出13份《市总河长任务交办单》，推动解决"老大难"问题49个；对23个区（市、县）200余个乡（镇、街道）700余条河道进行巡查，累计出动7800余人次，共发现突出问题229个，已整改197个，问题整改率达86%。

（3）"多元设置"评价主体。在重点考核河湖水环境质量提升的基础上，评价主体设置更加注重公众在河长制工作中发挥的作用、对河长制工作的知晓度、对水环境质量的满意度，将群众意见和建议纳入考核评价体系中，扩宽公众参与考评工作渠道。

三、经验启示

（一）点面结合，避免闭门造车

河长制激励考核体系是推进河长制工作高质量发展的重要一环，既要实现"全覆盖"，又要注重"差异化"，要赋予考核体系生命力，这是一个不断完善更新、不断探索修正的过程。在考核激励实施前期和中期，要摸清家底，及时了解基层工作的难点、痛点，收集掌握差异性情况，明确具体操作流程、时间安排及工作内容，避免"闭门造车"，保证考核细则"点对点"，做到追责问责"硬碰硬"，实现激励奖励"实打实"。

（二）纵横交叉，逐步提升效能

随着河长制工作的日益深入，考核激励目标要逐渐从"增量扩面"向"提质增效"转变，要从重点工作评价向综合性评价转移。成都市建立科学精准的考核体系，以年度考核为经度、日常考核为纬度、专项考核为坐标，纵横交叉，点面结合，同时辅以智慧化考核方式，不增加基层负担，消除考核盲区，助力河长制工作从"有名"到"有实""有效"。

（三）通贯始终，强化结果运用

成都市河长制考核激励体系，一方面需要发挥警示预警的作用，另一方面也要发挥正向激励的作用，只有赏罚并重，才能激发广大干部干事创业的激情和动力，推动全域水生态环境持续改善。2022年初，成都市上线"河长成绩单"功能，展示河长履职情况，并赋予风格展示和自我标签，正是激发各级河长巡河查河的内生动力，正向强化各级河长履职尽责意识的尝试和探索。

御河无河　心中有水

——青羊区西华门社区积极探索"陆域河长"履职尽责新策略*

【摘　要】青羊区西御河街道西华门社区位于四川省成都市天府广场，是典型的无河、无沟、无渠的陆域社区。近年来，西华门社区在贯彻落实河长制和基层河湖管护"解放模式"过程中，主动摈弃无河可巡可护的惯性思维，聚焦严防岸上生产生活污水排放下河，积极探索"陆域河长"履职尽责新策略，努力为水环境保护做贡献。策略包含四个主要部分：一是通过深化思想认识、组织领导和宣传引导，着力打开视野格局，增强岸上护水的思想和行动自觉，提升源头治理成效；二是通过加强面源监管、重点监管和院落监管，着力防范违规排放污水行为，提升综合治理成效；三是通过老旧院落改造、排水户整治和汛期排查清患，着力夯实排水设施正常运行基础，提升系统治理成效；四是通过强化友邻联动、商居联动和上下联动工作机制，着力破除边界形成合力，提升协同治理成效。该策略多维度、多层次展示了"无河河长"在岸上管水护河的工作视野和行动举措，为拓展基层河长履职尽责外延和类似地区护河工作提供了参考借鉴。

【关键词】　管水护河　履职尽责　陆域河长　协同联动

【引　言】河流的问题在水里，根源在岸上，因此，河长制的实施不仅关注河流本身的治理，更强调岸上问题的解决。本文主要介绍青羊区"无河"街道、"无河"社区在河长制基层工作中的创新实践，"无河"社区的"陆域河长"们通过管好岸上的水，以确保河流水质不受陆域污染源的影响，有效维护和提升流域水生态质量。成都市青羊区西御河街道西华门社区在河长制基层治理中的创新思路和积极行动，可为其他城市水生态保护提供经验借鉴。

---

* 成都市青羊区河长制办公室供稿。

一、背景情况

西华门社区面积 0.63km²，是典型的无河、无沟、无渠的陆域社区。辖区内无直接下河排水口，但排水管网密布，其中市政雨（污）水排水管 32 条、32.03km，排水户内部雨（污）水排水管 68 条、14.2km，通过排水管网间接排入成都市南河排口 2 个。近年来，随着排水管网日渐老旧老化，不同程度出现了变形、塌陷、腐蚀、堵塞等病害问题，加之个别工地施工排水不规范、临街餐饮店铺倾倒污水、老旧院落私搭乱接排水管等违规行为，造成污水冒溢以及进入雨水管网排入河道的现象时有发生。对此，西华门社区自觉提高站位，主动思考作为，坚持水的问题反映在岸下、根源在岸上的工作思路，聚焦岸上管水护河，以"三深化、三突出、三结合、三联动"为抓手，积极探索"陆域河长"履职尽责新策略，努力为水环境保护做贡献。

二、主要做法及成效

（一）以三个深化为抓手，强化源头治理成效

一是深化思想认识。坚持守正创新，思想先行，社区党委一班人深入学习领会河长制工作重大意义，面对辖区无河、无沟、无渠、无直接下河排口实际，主动摒弃辖区"无河可巡、无水可护"惯性思维，充分认识水的问题反映在岸下、根源在岸上这一基本逻辑，切实增强"陆域河长"工作的责任感和荣誉感，为有效开展岸上管水护河奠定了坚实的思想和行动基础。二是深化组织领导。以贯彻落实全省试点推广基层河湖管护"解放模式"为契机，规范设立社区河长工作室 1 个，划分岸上管水护河微网格 7 个，由社区党委书记担任主任兼社区总河长，内设社区河长 2 名，配备固定工作人员 2 名，成立"巡河"管护队 1 支、14 人，定期分析辖区岸上护河形势，研究安排无河护水工作，及时回应居民群众涉水诉求。同时，积极发动城市协管员、物业管理员、居民小组长等多支队伍参与到辖区岸上管水护河行动中，为陆域河长履职尽责提供了有力的组织保障。三是深化宣传引导。充分发挥社区河长工作室牵头抓总作用，采取进楼宇、进学校、进院落、进商场等多种形式，积极做好水

污染防治的宣传引导，派发宣传资料1500余份、张贴宣传海报200余张、开展宣传活动14场（次），辖区"无河护水"氛围不断浓厚，居民群众护水爱水意识不断增强，为社区河长有效开展工作创造了积极条件。

（二）以三个突出为抓手，强化综合治理成效

一是突出面源监管。辖区临街餐饮店铺点多面广，存在部分商户为图方便省事，利用巡查间隙私自将餐厨污水倾倒进雨水篦子的现象。对此，社区河长、护河队员一方面逐户上门宣讲政策、明晰利害关系，督促严格落实"门前五包"要求；另一方面积极会同城管执法人员加强日常巡查检查，及时纠治警示乱倒污水行为20余起，临街商户文明规范经营意识不断增强，有效遏制了餐饮污水乱倾倒行为。二是突出重点监管。西华门社区面积小，但辖区拆迁建设工地多、周期长，特别是轨道交通工地盾构土转运量大，高峰期日均3000m^3，运渣车冲洗产生的大量泥浆水存在极大下河风险。对此，社区河长重点关注、突出抓好辖区5处在建、6处拆迁工地在规范排放施工用水方面的巡查检查，及时上报运渣车冲洗不到位问题10余台次、污水沉淀池运行问题1起，积极配合街道、水务部门溯源查处施工污水间接下河问题2起，为防范施工污水排放下河提供了有力保障。三是突出院落监管。针对辖区老旧院落排水管网病害多，加之个别院落居民装修过程中私搭乱接排水管的实际，社区河长充分发挥社区网格员兼岸上"护河"队员日常进院入户走访巡查作用，及时发现上报院落管网堵塞问题3起，制止居民私搭乱接排水管行为5起，有效防止了院落生活污水排放下河。

（三）以三个结合为抓手，强化系统治理成效

一是结合老旧院落改造抓治理。充分把握老旧院落改造时机，通过热线电话、意见箱、面对面交流等线上线下多种方式，广泛收集居民群众关于病害管网治理的诉求，将其纳入老旧院落改造系统实施，协调召开检测、设计、施工、居民代表等共同参与的老改工作议事协商坝坝会10余次，有效推动解决老改院落排水不畅问题6个、污水渗透问题12处，受到院落居民群众充分肯定。二是结合排水户整治抓治理。充分把握排水户系统治理契机，积极发挥社区河长"人熟地熟"优势，大力宣讲排水户治理政策，及时搭建沟通协商平台，全力争取居民群众对排水治理工作的理解支持，先后协调解决排水户治理进场施工问题3个，全面协助完成排水户整治34户，消除变形、塌陷、腐蚀、堵塞等排水管网病害点位268处。三是结合汛期排查抓治理。针对地下管网排水不畅问题多出现在降雨期间，充分把握雨中巡查发现排水堵点的有利时机，突出抓好辖区684座井盖、389座雨水篦子的雨中巡查，及时发现上报冒溢井盖（雨水篦子）11座，为有的放矢打通排水堵点、消除污水冒溢风险提供了有力支撑。

（四）以三个联动为抓手，强化协同治理成效

一是强化友邻联动。西华门社区地势北高南低，地下排水管网北与属地街道骡马市社区相连，南与友邻街道文庙社区相通。近年来，文庙社区下河排口污水下河溯源到西华门社区的情况时有发生。对此，西华门社区河长牢固树立岸上管水护河"一盘棋"思想，积极与"上下游"社区建立互通岸上护水情况、分析岸上护水形势、整治岸上护水问题等工作机制，及时消除岸上污水下河隐患3起，联动整治交界处污水乱排问题2个，有效提升了防止污水下河的时效性和实效性。二是强化商居联动。充分利用城市协管员、社区网格员、巡河管护队等日常巡街、巡院、巡河的工作特点，积极做好岸上护水的宣传引导，倡导辖区餐饮商家签订护水公约达95%以上；推动成立商居联盟加强相互监督，受理处置私搭乱接排污管、随意倾倒污水等行为6起；联动商户设置生态文明积分超市1家，着力激励岸上护河爱水行为，有效提升了辖区餐饮商户和居民群众岸上护水爱河自觉性和积极性。三是强化上下联动。面对岸上管水护河点多面广，污水下河防治难易程度不同，单靠社区河长"单打独斗"效果有限这一难题，西华门社区河长积极做好上下沟通对接，参照"街道吹哨，部门报到"工作模式，建立了"院委＋社区＋街道＋部门"上下联动工作机制，为畅通岸上护河工作渠道、解决岸上护河难题提供了有力支撑和保障。

三、经验启示

（一）解放思想是"陆域河长"推动岸上管水护河提质增效的基本前提

巡河发现涉水问题固然重要，但问题已经发生，水体已经变质，方才溯源治理，实则亡羊补牢。西华门社区河长在深入贯彻落实河长制工作中，针对辖区无河、无沟、无渠可巡可护可守的情况，敢于打破画地为牢的束缚，坚持水的问题反映在岸下、根源在岸上的工作思路，创新提出"陆域河长"履职尽责新策略，不仅体现了对河长制工作中的深入思考，也为类似区域开展岸上管水护河提供了参考借鉴。

（二）加强监管是"陆域河长"推动岸上管水护河提质增效的关键环节

西华门社区河长结合辖区"三无"实际，针对辖区临街餐饮店铺多、拆迁建设工地多、老旧院落多等特点，坚持具体问题具体分析，以"三多"为突破口，有的放矢做好日常巡查和重点监管，有效防止了餐饮、施工和生活污水排放下河问题发生，充分体现了"陆域河长"在岸上管水护河的重要作用。

（三）科学统筹是"陆域河长"推动岸上管水护河提质增效的重要支撑

西华门社区河长充分把握辖区老旧院落改造、排水户整治、汛期堵点排查有利时机，将其纳入岸上管水护河范畴进行通盘考虑和重点关注，为有效畅通城市排水管网、减少污水下河提供了重要支撑，充分体现了"陆域河长"对岸上管水护河科学统筹和主动作为。

（四）机制完善是"陆域河长"推动岸上管水护河提质增效的有力保障

西华门社区河长能够充分认识"单打独斗"开展岸上管水护河工作的局限性，积极推动建立友邻联动、商居联动、上下联动工作机制，有效凝聚了岸上管水护河合力，夯实群防群治工作基础，畅通了岸上管水护河渠道，展示了完善的工作机制对"陆域河长"更好履职尽责的有力保障作用。

精准长效管理考核
夯实基层河长制工作

——温江区深化河长制激励考核机制做法与启示[*]

【摘　要】 近年来，温江区以河长制工作为抓手，坚定践行绿水青山就是金山银山的理论，狠抓水资源保护、水污染防治、水生态修复等重点任务，加强河长巡查和考核，强弱项、扬优势，推动全区河长制工作取得明显成效。但是在精细化管理上还存在短板，工作不够细致，责任意识不够强。为此，温江区全面贯彻执行《四川省河湖长制条例》和《成都市河长制考核办法》，详细制定了适合当地的考核机制，积极探索引入多方考核评估机制，细化河长考核制度，完善考核激励机制，调动各方力量，倒逼基层河长落实责任、敢于担当，全域水环境质量持续改善，成功创建国家生态文明建设示范区，入选"绿色中国典范城市""中国最具幸福感城市"。

【关键词】 基层河长　正向激励　考核机制　长效管理

【引　言】 为充分调动和激发各镇（街道）全面强化河长制湖长制工作的积极性、主动性和创造性，温江区进一步健全正向激励机制，增强河长制湖长制工作激励效果，加大对河（湖）长制工作真抓实干成效明显地方激励支持力度。推行差异化考核，兼顾正向激励与反向追责，年度考核、日常考核与重点考核相结合，全区河湖有了极大改善，这对于解决复杂水问题、擦亮幸福河湖底色、助力乡村振兴具有重要现实意义和推广价值。

一、背景情况

温江地处都江堰精华灌区，区域内水系发达，金马河、杨柳河、江安河、清水河 4 条干流纵贯全境，23 条支渠、82 条斗渠纵横交错，形成

---

[*] 成都市温江区河长制办公室供稿。

了灌排自如的水系网络。全面推行河长制工作以来，温江区三级河长共265人，共巡河168648人次，发现并解决问题15814个。全区河湖面貌显著改善，制度优势充分显现。但在基层实践中，仍存在突出水环境问题所涉镇村级河长履职流于形式、履职不力、水岸两处垃圾处理相互推诿扯皮、责任落实不到位、管理不够精准等情况。

二、主要做法

为进一步建立健全以党政领导负责制为核心的河湖管理保护责任体系，压实各级河长湖长及全面推行河长制湖长制工作领导小组各成员单位责任，确保河长制湖长制各项任务落到实处，推动河长制湖长制工作"见行动""见成效"，温江河长办以问题为导向，积极研究制定相关办法措施，经报区总河长会议审议通过后，以区总河办名义，于2020年4月24日印发《成都市温江区水环境长效管理考核及补助资金使用办法》（温总河办〔2020〕4号）（以下简称《办法》）。

（一）细化考核内容标准

为进一步加强对水环境长效管理工作的考核，使用好水环境长效管理专项资金，进一步突出成效导向，实现对河渠的全覆盖、精细化管理，结合温江区实际，完善《办法》资金来源及保障、资金使用范围和标准、考核标准及计分说明、涉及水环境问题被通报等情况扣款扣分、加分奖励等条款。其中考核标准如下：一是长效管理机制标准。各镇（街道）要制定方案，补足管理经费，落实管护队伍管护到位。二是基层河长巡河标准。采取定期、不定期、重点和一般相结合的巡查办法。镇级河长巡河至少每旬一次，村级河长做到每周两巡。三是水体、水面标准。河渠内无明显积存垃圾、杂物等；水面感观良好；拦污栅等设施处垃圾打捞清运及时。四是河渠护岸及通道标准。河渠旁垃圾收集设施完善、合理；河渠护岸、河堤护栏、通道整洁；桥（闸）墩无垃圾、杂物等悬挂、缠绕；河（渠）岸绿化整洁，总体感观良好，绿化成活率达98%。五是河渠管护范围标准。管护范围内无违章搭建、无占用河边道路等现象；河渠50m范围内无规模养殖场、屠宰场及直排式厕所，沿岸无养殖直排；工业企业、农家乐等严格实行污水达标排放。六是河渠管护人员岗位标准。每日区域内落实专人保洁、巡查，及时发现、报告、处置问题。

（二）精准考核指标体系

《办法》明确涉及水环境问题被通报等情况扣款扣分的四种情形：一是镇、村级河长未巡河被通报及未按要求巡河；二是基层河长在巡河期间未发现的水环境问题被中央、省、市级通报（督办）及受到区级黑榜通报、红牌警示、黄牌警示、督办；三是水环境未上报问题；四是问题处置未按规定时限、整改率低于90％。《办法》明确加分及给予奖金的内容有三项：一是河长制工作经验被国家和省、市领导批示肯定；二是河长制先进做法及工作经验被国家级、省级刊物（媒体）等刊登；三是在水利部、省、市河长办组织举办的活动中评选获奖。

（三）规范考核程序流程

《办法》明确月度考核和季度考核内容，其中，区绩效考评中心、区财政局、区水务局、区生态环境局、区住建局、区农业农村局每月共同进行现场考核，并填报《成都市温江区城乡水环境月度测评表》。季度考核评分办法内容包括：一是设置季度考核评分的基础分数，为该季度三个月度考核评分的平均数；二是明确季度考核评分依据，含月度考核平均分（占98％）和再次现场评分（占2％），区绩效考评中心、区财政局、区水务局每季度联合进行一次现场考核，并根据现场情况综合打分。

（四）明确考核结果运用

水环境长效管理考核分为月度考核、季度考核和年终考核，各项考核评分作为各镇（街道）季度拨款、年终目标绩效考核依据。其中季度拨款，各镇（街道）划拨金额为其当季度得分百分比与当季度应拨付金额的乘积。扣除的部分作为水环境应急处置资金及年终考核奖补资金，水环境应急处置资金用以处理突发水环境问题，年终考核奖补资金用以奖励四个季度考核中表现优秀的镇（街道）。河长制评先评优、目标绩效考核均纳入河长制成员单位年终目标绩效分，直接与单位绩效挂钩。

三、经验启示

（一）内容清晰，基层治理操作性强

根据温江区情，探索考核引领，制定涵盖日常考核、突发问题扣分、奖励加分的测评表，细化考核条款，为基层河湖治理指明方向。明确补助资金标准，将全区河道、支渠、斗渠、排水沟、天然水面等纳入河（湖）长制管理的水面、护岸、绿化带、河堤通道以及护栏、水闸、管理用房等附属设施纳入资金使用范围，以镇街为单位制定奖补资金标准。定期开展培训宣讲，依托河长制调度会、河长制专题培训会，组织镇、村级河长累计开展9次河长制制度专项解读，确保制度执行直达基层，做到政策解读到位、落实精准。

（二）多方参与，督查考核透明公正

横向联动各部门，会同区绩效考评中心、区财政局、区水务局、区生态环境局、区住建局、区农业农村局开展水环境管理成效测评打分，确保考核公平公正。纵向延伸至村社及各镇（街道）、村（社区）组织水环境长效管理督查和管护队伍，实行定责、定岗、定员制度，实施河渠分段管护，做到水环境管理无盲点、全覆盖。广泛听取意见，每季度将水环境考核结果提请河长制调度会通报，并在一定范围内公示，凝聚共识，加快推动水环境质量再上新台阶。

（三）奖惩并举，实现治理良性循环

强化制度约束，配套印发河长制红黄牌警示红黑榜通报制度，为河流管理提供科学的指导和有效的保障，实现河流保护有据可依，监督执法有责可究，促进经济社会可持续发展。资金正向激励，将水环境治理、河长巡河、问题上报、问题处置、宣传创新与划拨资金正向关联，激发水环境治理内生动力。严厉督查考核，实行区总河长、区级河长"四不两直"下沉督办，视情节采取提示、通报、约谈、典型案例曝光等措施，以有力的督查问责倒逼责任落实。

灌区河长护航　重塑千年水网

——彭州市灌区河长统筹联动助力更高水平天府粮仓建设*

【摘　要】　自全面推行河长制以来，彭州市矢志践行"绿水青山就是金山银山"理论，持续推进河长制工作重心"关口下移"。2022年，结合区域自然禀赋，创新设立灌区河长，作为行政河长的有益补充，在共同发挥河长制牵头抓总、组织协调、督促落实作用基础上，聚焦灌区河渠治理盲区，延伸监督触角，拓宽管护范围，以构建灌区安全韧性的水安全保障、纵横联通的水资源支撑、蓝绿交织的水生态修复、美丽宜居的水净化治理、现代精细的水管理提升、繁荣多样的水文化传播"六水"体系为目标，强化区域统筹联动，优化提升水网功能，为建设新时代更高水平"天府粮仓"提供强有力的水利支撑。

【关键词】　灌区河长　灌区水网　统筹联动　天府粮仓

【引　言】　2022年6月8日，习近平总书记在川视察强调，四川要在新时代打造更高水平的"天府粮仓"。彭州市自然禀赋良好，域内湔江堰、人民渠两大灌区壤沃宜粟，彭州市委、市政府坚定扛起建设更高水平"天府粮仓"的时代使命和责任担当，以河长制为抓手，注入灌区河长新活力，允分发挥其专业、技能和岗位优势，着重围绕灌区末端河渠等行政河长日常无法全面顾及的治理盲区，扮好"六种"角色，共同促进以更优质的水资源、更优美的水环境保障农业发展，助力乡村振兴。

一、背景情况

彭州市位于成都北郊，幅员面积1421km²，地处成都平原与龙门山过渡地带，辖区内山、丘、坝俱全，形成了"五山、一水、四分坝"的自然格局。域内水网交错，有大小河渠60余条，沱江三大支流之一的湔

---

* 彭州市河长制办公室供稿。

江贯穿全境。

西汉景帝末年，时任蜀郡太守文翁穿湔江疏九河，灌溉繁田一千七百顷。天彭门下，湔水九分，使金彭大地成为水旱从人、不知饥馑、时无荒年的天府之国两千余年。新中国成立后，针对农业缺水问题，彭州市积极响应四川都江堰扩灌工程，组织本地群众投工投劳，完成了有"巴蜀新春第一渠"之称的人民渠彭州段建设。至此，以人民渠为界，分为湔江堰、人民渠两大灌区，灌区内山水相连的地形，富庶高产的风土，悠久多元的人文，促使彭州真正成为"蜀中膏腴"。

二、主要做法

彭州市河长制办公室与四川省都江堰水利发展中心人民渠第一管理处、彭州市水利工程和水资源服务中心联合，树立"统筹、融合、协调"合作思维，开展全方位、多层次、宽领域深度合作，组织地方水行政主管部门、水利工程管理单位、流域片站负责人、镇（街道）灌溉委员会业务骨干等担任灌区河长，以河长制推动"六水"体系建设为主战场，全面助力灌区"三农"高质量发展，为打造更高水平"天府粮仓"成都片区建设提供引领示范。

（一）不折不扣把好"安全关"，当好水安全保障"排头兵"

支渠虽然作为灌溉系统中第二级渠道，但实际上是控制与分配灌区内部水资源的"首道关口"。彭州市根据湔江堰、人民渠灌区支渠实际数量，设立灌区河长56名，将两条相邻支渠之间的区域视灌区河长专业技能、工作经历等实际情况逐一划分为其"责任田"，形成上下游互通、左右岸互联的灌区河长全覆盖协调联动监管体系，助力打通灌区河渠管护的"最后一米"。为确保灌区"渠相通、沟相连、河畅通、旱能灌、涝能排"的农田灌排体系在汛期发挥实效，灌区河长在行政河长巡河间隙期间，通过打好汛前排查、汛中巡查、汛后复查三套"组合拳"，直面挑战、直击问题、直破风险。2022年汛前开展全面排查，疏浚涵洞、沟渠120.6km，维修、加固分水闸（洞）49个。汛中根据区域内渠道不同等级，由镇村河长统筹协调，灌区河长具体负责，加密巡查频次，对区域内易涝点位进行重点盯防，确保渠系排水通畅。汛后由灌区河长牵头，组织协调市级行业主管部门对区域内受灾情况开展全面复查，争取资金予以治理、修复。借助灌区河长的时间优势，与镇村行政河长在河渠管护上形成错位互补，与行业部门之间形成统筹联动的良性机制，切实保障了汛期灌区农业生产安全。

（二）尽职尽责练好"基本功"，当好水资源支撑"大管家"

为实现湔江堰灌区农业用水集约、高效使用，助力农业增产增收，2022年彭州市完成了湔江堰灌区现代化建设项目，新增自动化闸门12个、流量监测点281处，配套建设有智能感知和远程控制系统。湔江堰灌区因地制宜，组织部分水利工程管理单位技术人员担任灌区河长，充分发挥其专业知识与技能，高效保障灌区农业用水。在春灌、冬灌等集中用水期，灌区河长每天通过微信群收集区域内各村、组次日用水计划，汇总研判会商后，科学调节闸门，精细分配水量，满足灌区群众用水需求，一改往年大开大合粗放灌溉方式。在夏季干旱期间，灌区河长根据视频监控系统和流量监测站反馈数据，精打细算当好"水管家"，利用手机App远程、实时调节闸门开度、控制水量，实现水资源的精准调度、调配，高效推动灌区水资源供给由粗放型管理向精细化、智能化管理转变。2022年湔江堰灌区农业用水量为2979.58万 m^3，较2021年的4823.82万 m^3 减少38.2%，农业节水成效显著。

（三）稳扎稳打耕好"责任田"，当好水生态修复"勤务员"

农村区域水环境管护长期以来是基层河湖的治理"难点"，两人灌区河长因势利导，延伸监督触角，将行政河长"河段"管理提标为"区域"管理，有效破解了末端河渠、跨界河渠管护"真空"问题。以人民渠灌区为例，聘任的灌区河长多数为流域片站工作人员，开展用水协调、设施检修是其每天的"必修课"。借助此种岗位优势，该区域灌区河长可每天深入管辖区域田间地头、沟渠塘堰一线开展巡查，发现水环境问题，督促属地村（社区）保洁员立即打捞、清理，实现垃圾源头控制、日产日销。将现场发现的乱丢、乱扔典型纳入"黑榜"管理，每月由上"黑榜"次数最多的村（社区）负责，在支渠尾端对堆积的垃圾、漂浮物进行集中打捞、转运，实现垃圾区域控制、自产自销。此外，为提高灌区河长长期参与河湖管护的积极性，彭州市于2022年初修订了《彭州市河渠环卫一体化保洁考核制度》，将灌区河长巡查发现问题情况纳入考核范围，并分配较高权重，让其在河湖管护工作中拥有更多"话语权"。2018年以来，两大灌区村容村貌稳步提升，农民生产生活环境逐步改善，先后有 7 个村（社区）成功创建成都市水美乡村，全市 4 个国家级、省级、成都市级出境断面水质考核达标率均为 100%。

（四）用情用力架好"连心桥"，当好水净化治理"监督者"

彭州市是全国五大商品蔬菜生产地、中国西部蔬菜之乡，蔬菜常年种植面积稳定在 80 万亩以上，位于人民渠灌区腹地的濛阳河流域更是其核心生产区。该流域灌区河长秉承"好水才能出好菜"的理念，组织当地村社网格员、驻村干部等成立"护河游击队"，利用调查走访、安全巡查等时机，重点对区域内生产企业、污水处理厂等"点源"，集中安置小区、场镇集居区等"内源"，规模养殖场、垃圾中转站等"面源"排污情况进行监督，为区域行政河长护水、治水提供有力支撑，形成了行政河长主管"大动脉"，灌区河长主管"毛细血管"的生态耦合机制。2022年，濛阳河流域灌区河长共提供违法排污线索 29 个，其中涉及的 9 家企业被关停、2 个污水处理厂被取缔，濛阳河水质首次达到Ⅲ类。区域水质的跃升蝶变，有效保障了当地蔬菜产业蓬勃发展，助力彭州市先后获得全国蔬菜产业十强县（市）、全国首批无公害蔬菜生产示范基地、全国蔬菜全产业链典型县，切实擦亮了川菜金字招牌。

（五）群策群力做好"智囊团"，当好水管理提升"设计师"

彭州市以"龙门雪山下，七星耀湔江"为核心 IP，集山地观光、休闲、度假、健身、娱乐、教育、运动为一体，创新谋划"民宿点亮乡村"，目前已建成精品民宿 50 家，成为成都文旅康养的闪亮名片。位于湔江河谷出山口的丹景山镇紧邻湔江堰闸坝首部枢纽工程，是湔江堰灌区的"龙头"，新润河、青白江支渠等多条支渠贯穿其全境。该区域灌区河长与行政河长通力合作、精心部署，创新水管理模式，因地制宜提出"引水上街"改造思路，打造"有颜值""有活力""有乡愁"的乡村"水街＋民宿"示范样板。一是将青白江支渠水引入花村街，引导沿街住户种植牡丹、绿萝等喜水绿植，让昔日平淡无奇的"雨水沟"变成花团锦簇的"景观带"，引来众多游客驻足"打卡"。二是将西河干渠水引入社区广场，配套建设戏水区、茶歇区、景观区等功能区，同时配套无障碍通道、休闲长椅、与景观融为一体的全玻璃封闭式围栏等设施，形成了"远眺牛心山、近看湔江水"的活力休憩场景。三是筹集社会资本，将新润河水沿线闲置房屋打造成民宿集群，引入渠水实现滨水空间再造，聚力打造高品质民宿，唤醒乡愁记忆，有效促进和推动了生态价值向经济价值转换。

（六）同心同德掌好"方向舵"，当好水文化传播"领头雁"

灌区河长作为行政河长的有益补充，不仅要与行政河长一道，秉承先贤治水兴农的文化传统，更要结合自身专业、技能优势，不断探索实现本区域乡村振兴的时代路径，共同赋予文翁文化新的时代内涵。一是推动"水＋农业产品"产业价值输出。创新举办"好水产好物，河长推好物"线下活动，以优质水资源为核心，重点推介灌区内特色农产品，如天彭肥酒、九尺板鸭、敖平川芎等，以推促销提升本地特色农产品知晓度、美誉度，激发本地农业发展活力。二是推动"水＋农村旅游"生态价值转化。协调、组织灌区内渔业公司、渔场主举办"钓鱼节"，引导滨水消费和亲水文旅产业发展，促进区域农民增收。三是推动"水＋农灌遗产"文化价值跃升。两大灌区内有水文化遗产17处，如文翁祠、镇江塔、湔江堰等，选聘熟悉本地水文化遗产的灌区河长担任解说员，在中国水周、全民科普日、环境日等向市民游客进行科普宣传，引导社会各界共同守护和传承好这份滋润"天府粮仓"的文化瑰宝。

三、经验启示

灌区是农业发展的载体、农村资源的核心、农民致富的保障。彭州市整合水管理机构和水行政单位力量，聚焦农村河湖管护"真空带"，注入灌区河长新活力，充分发挥其专业、技能、岗位优势，形成了行政河长为主、灌区河长为辅双向发力、双轮驱动的共治格局，共同发挥在水安全、水资源、水生态、水净化、水管理、水文化上的统筹协调作用，坚持把"绿水青山"的生态本底做大做优、把"金山银山"的转化路径做通做实、把"天府粮仓"的金字招牌做好做强，取得了值得推广的经验。

（一）因地制宜创新举措，是河长制推动农业变强的发力点

水利是农业的命脉。彭州市结合本地实际，创新工作举措，将河长制与天府粮仓建设紧密结合，设立灌区河长协同行政河长统筹推动区域水安全保障、水资源支撑、水生态修复、水净化治理、水管理提升、水文化传播"六项"工作，通过在筑牢防汛减灾底板、精细保障农灌用水、深化农村环境治理、动态清零多源污染、优化提升水网功能、传承历史文化脉络中差异化扮演好"六种"角色，为彭州建设高质量西部菜都、打造高标准川芎基地、推动高品质农业品牌注入强劲动能，让优质的水资源成为建设更高水平天府粮仓的要素保障。

（二）因水制宜生态优先，是河长制助力农村变美的落脚点

灌区发展的第一要务是保证国家粮食安全，但同时保障好水安全和生态安全，才是灌区永续发展之路。彭州市深入贯彻习近平总书记"节水优先、空间均衡、系统治理、两手发力"治水思路，将灌区河长作为行政河长的有益补充，以智慧化灌区建设为契机，提高水资源集约利用水平，以划区域管理为抓手，促进水环境质量持续改善，以链条式监督为牵引，破解水生态治理顽瘴痼疾，重塑"节水高效、防灾有力、生态良好"的现代化灌区水网体系，着力推动水环境改善引领农村美丽嬗变。

（三）因人制宜转变思维，是河长制实现农民变富的关键点

促进农民富裕富足，不仅要做好灌区用水保障的"硬件"提升，还要做好拓宽农民收益链条的"软件"提质。彭州市秉承先贤治水兴农优良传统，切实转变工作思维，让灌区河长从参与护水治水的幕后走向农业产品、农村旅游、农灌文化宣传推广的前台，积极推动"水＋农业产品"产业价值输出，"水＋农村旅游"生态价值转化，"水＋农灌遗产"文化价值跃升，走出了一条"以水兴业""以水富民"的水经济发展新路径。

统筹要素　共护一方清水

——彭州市丽春镇基层河长履职实践*

【摘　要】 彭州市丽春镇作为西部航空动力特色小镇，近年来经济迅速发展，工业企业和人口明显增长，由此也带来了垃圾堆积、水质污染等河湖问题。面对严峻的水生态环境与人民群众对美好生活向往之间的矛盾，丽春镇以"河长制"工作为抓手，持续完善工作体制机制，推动河流实现有人管、管得好，有效实现水质持续变好、水环境日益改善，为全镇经济社会高质量发展铺就靓丽生态底色。

【关键词】 河湖治理　基层河长　履职尽责　全民共治

【引　言】 为解决河长履职不到位、河湖治理源头未找准、管护队伍不充足等问题，丽春镇深入践行绿色发展理念，认真做好河长履职、污染溯源、全民共治三篇文章，河湖管理保护工作成效突出，水环境质量持续稳定向好。

一、背景情况

丽春镇地处成都平原西北部，幅员面积 $77.13km^2$，总人口 5.8 万人。全境位于沱江、岷江流域，水系交错纵横，主要的自然水系格局为一渠四河，兼之 20 余条干、支、斗渠等水体。作为工业小镇，丽春镇有 186 家企业，且由于公众环保意识缺乏和基础设施建设不足，供水安全、水生态安全形势严峻。

自 2017 年全面推行河长制工作以来，丽春镇牢固树立"绿水青山就是金山银山"理念，动真碰硬，沉底落实，聚焦河长履职、污染溯源、全民共治等板块，稳步推进河湖治理，实现了水生态环境持续向好，水系颜值不断刷新。

---

*　彭州市河长制办公室供稿。

二、主要做法

（一）鞭促河长，履行河流管护职能

河长是河湖治理的第一道防线，充分履职尽责至关重要。全面推行河湖长制工作以来，丽春镇紧紧围绕河长这一责任主体，建立完善河长组织体系，让制度成为督促河长履职的"紧箍咒"，真正实现河湖有人管。

一是完善河长组织体系。丽春镇设立双总河长，由镇党委、政府一把手担任；设立镇村两级河长30名，由镇班子成员和各村（社区）书记担任；设立河长制公示牌49个，制定工作制度9项，河湖长制实现全覆盖。结合村级河长站点建设，新设河段长8名，党员志愿护河员50名，河湖管护队伍进一步扩大。

二是建立督查暗访机制。针对河长巡河缺少实效这一问题，丽春镇制定《丽春镇突出水环境问题整治专项行动实施方案》，组建水环境问题督查小组，每月定期对各村（社区）水环境问题进行暗访督查，形成问题台账，明确各类问题整改标准及时限，形成发现－处置－督办－考核闭环管理体系，并每月在镇村干部大会上通报督查暗访情况，倒逼村级河长提升巡河成效。全年共开展暗访督查专项行动48次，累计交办河湖垃圾、生活污水问题196个。

三是建立考核奖惩机制。将河长巡河问题发现率作为重要考核指标，一月一次定期通报巡河履职情况，同时按照周督查、月通报、季考评的工作思路，每季度召开表扬大会，通报各村（社区）评比名次及存在问题，对排名前三的村（社区）分别给予7000元、6000元、5000元经费奖励，对排名后三的村（社区）进行通报批评。考核奖惩机制的建立，有效推动了河长巡河见行见效、提标升级，2022年，各级河长累计巡河2409次，发现解决河湖问题506个，问题发现处置率大幅度跃升。

（二）摸清底数，突出河流整治重点

知水，而能谋水。河湖不仅要有人管，更要明确怎么管，找准痛点难点，坚持追根溯源，才能有效根治河湖顽疾，达到河畅水清的目标任务。

一是摸清河湖沿线情况。河湖水质污染主要来源于各种污染源，加强污染源管控即可有效防治水污染。为此，丽春镇依托人工＋无人机手段，对人民渠干渠、蒲阳河—青白江、柏条河等重要河流进行全面摸排，编制河流沿线情况图，实现河流周边养殖场、集中居住区、企业等上图管理。

二是摸清入河排污口。污水入河必有排口，找准了排口就能实现根治。动态组织人员对河湖入河排口进行排查，建立排口台账，加强排口管控，并针对污染排口进行重点整治。共摸排出厂区雨洪排口4个，生产废水排口5个，生活污水排口9个，雨洪排口23个，种植业排口29个，城镇污水集中处理设施排污口1个。

三是摸清小微水体污染。制定《丽春镇水污染问题综合排查治理工作方案》，对农村小沟小渠等水体污染进行排查，发现问题26个；建立台账，明确临时措施和永久整治措施，同时对56个集中居住区污水处理设施情况进行统计，污染源进一步可管可控。

（三）全面发力，实现河流有效治理

摸清底数、发现问题仅仅是第一步，更重要的是推动问题高效解决，让河湖管得好。丽春镇聚焦河流长效管护，凝聚多方力量，共建幸福美丽河湖。

一是河长挂帅，专职治理。针对各类河湖共性问题，丽春镇精准施策，由河长挂帅，亲自督导，确保各类问题得到快速解决。面对河湖垃圾问题，引入2支专业化保洁队伍，设立18个村级河湖保洁员，建设垃圾收集设施138个，有效减少入河垃圾量。针对基层设施建设短板，利用创建国卫、农村厕所革命整村推进、农村生活污水治理五年行动等契机，建设污水管网10km、微污站10个。聚焦供水安全问题，召开工作推进会8次，制定任务清单，稳步推进柏条河20余户商铺调整业态，实现人民渠干渠水质长期保持Ⅲ类标准、柏条河水质长期保持Ⅱ类标准。

二是民间参与，全民治理。丽春镇充分利用群众力量，发展壮大民间管护队伍。广泛发动党员参与巡河治河工作，吸引50名党员成为志愿护河员，并与社会机构加强对接，成立棒菜兄妹等特色护河志愿队伍，扩大护河队伍。发挥辖区内企业多的优势，动员企业献爱心、捐赠产品成立爱心义仓,并实行积分制管理,村民参与绿道建设、沟渠清理等活动即可获得积分,在爱心义仓免费兑换粮油等生活用品。

三是办所合作,协同治理。建立健全河长＋执法队伍工作机制,发挥综合执法队伍在河湖治理中的独特作用。河湖长、综合执法人员联合开展河湖巡查,同时开展以十年禁捕、砂石盗采、非法污水排放为重点的联合执法行动。已开展河湖巡查300余次,教育劝导禁渔期钓鱼人员100人,整治污水偷排点位4个。

三、经验启示

(一)开展河湖治理,要发挥河长作用

河长作为河湖治理的第一责任人,在河湖保护治理中的作用不可替代。发挥河长作用,强化河长履职尽责,不仅要靠河长的自我担当,更要加强制度保障,以机制强落实,以督导补短板,以奖惩促提升,才能实现河长巡河护河的长效性、有效性、积极性。

(二)开展河湖治理,要摸清问题底数

加强河湖内水污染治理,首先要按照"污水从哪里来,到哪里去"的源头治污思路,全面彻底排查,切实摸清问题底数,形成权责明晰、监控到位、管理到位的监管体系,为改善水生态环境质量奠定基础。

(三)开展河湖治理,要整合各方力量

一人难挑千斤担,众人能移万座山。河湖治理不是一日之功,更需久久发力。所以,要吸引社会公众广泛参与,整合各方力量,凝聚治理合力,共治共建共享幸福河流。

二、共治共享 打造治水管水新模式

河道警长制精准助推河湖协同治理

——青羊区生态警务室构建水生态保护新秩序*

【摘　要】　随着"共抓大保护、不搞大开发"战略的实施，青羊区积极践行"绿水青山就是金山银山"的理念，以河长制为抓手，以保护水资源、防治水污染、改善水环境、修复水生态为主要任务，围绕"河畅、水清、岸绿、景美"目标，由青羊区总河长牵头抓总、带头履职，扎实推进岸线综合整治、黑臭水体治理和堤防防洪能力提升建设，以实际行动守护一江清水。2021年，青羊区在河道警长制的基础上，设立草堂河道警务室。河道警务室作为"河长＋警长"联络载体，进一步强化水务部门与公安部门的信息互通、法制宣传以及联合执法，对辖区涉水违法行为进行有效震慑。另外，青羊区对河道警务室、河长公示牌进行景观化建设，有力引导沿岸居民参与到治水护河中来，营造全社会保护水生态氛围。

【关键词】　河道警务室　警长制　协同治理　联合执法

【引　言】　水域生态系统是脆弱的，人类生活活动，不管是航运、取水、排污、灌溉，各方面都离不开水。如果不重视水资源保护与水生态修复，将来很可能影响社会发展、经济发展。近年来，在生态文明体制改革背景下，青羊区河长制进行了一系列机制性创新，在规划、跨区域统筹、跨部门协调等方面得以进一步强化。2021年，青羊区持续推进水生态修复，发挥河长制优势，通过建立河道警务室，强化"河长＋警长"联动，坚持保护优先和自然恢复为主，加强涉河违法行为处置，把长江大保护工作落到实处，青羊区水资源环境持续向好。本文通过对青羊区河道警长制实施模式进行剖析，为其他城市河道协同保护提供经验借鉴。

一、背景情况

在长江大保护的背景下，2020年年底，四川省水利厅等8部门联合

---

* 成都市青羊区河长制办公室供稿。

印发了《关于四川省长江流域重点水域禁捕范围和时间的通告》(川农函〔2020〕962号),对我省实施好"十年禁渔"政策要求做出具体规定。2021年,青羊区河长办将"制止并处置非法捕捞行为"纳入河长工作职责,将"无非法捕捞"纳入河长制管理目标,并在河长公示牌上进行公示。

全面推行河长制工作以来,青羊区水生态修复工作虽然取得了积极成效,但仍存在一些薄弱环节和突出问题。一是部门间协同仍显不足。河长制工作的推进涉及水利、环保、城管、住建、农委、公安等多个部门,一直以来在部门协同实践中,普遍存在责任界定难、信息不通畅、治理不同步等问题,为基层河长履职尽责提高了难度、增加了成本。二是河长制社会参与度仍不高。社会组织和公众参与水环境治理的作用发挥不够明显,沿河群众保护河流的意识不足,主动参与的积极性不足,群众没有把保护河湖环境当作自己的责任来对待,还需进一步加强宣传引导。

青羊区干河临近浣花溪公园与杜甫草堂景区,河岸沿线风景秀丽,两岸全年见绿、四季见花,河水清澈,水质稳定达到Ⅲ类水标准。优美的河岸环境、健康的水生态吸引了大量居民在干河河畔散步、游玩和垂钓。每年3月1日起,成都市进入禁渔期,禁止一切捕捞行为和游钓活动。为进一步修复水生态,按照河长制管理要求,基层河长需要在巡河中对禁渔期沿岸的游钓居民进行劝离,然而,部分垂钓爱好者对不允许垂钓的规定不理解,对河边"禁止钓鱼"警示牌视而不见,与河长、热心市民以及放生群众时常发生矛盾,河长的劝导宣传往往力度不够、效果不佳,甚至部分当事人会出现语言、行为过激情况,给基层河长工作造成较大困难。

二、主要做法及成效

(一)全面落实河道警长制,实现网格化管理

2017年,青羊区公安分局印发《河道总警长及警长制工作方案》,在全区范围内河道、渠道等水域实施河道警长制管理,实现河道警长全覆盖。2021年,青羊区水务、公安、住建等部门联合印发《关于建立河道

采砂管理合作机制的通知》，使河道采砂管理沟通联系更加紧密，监管力度进一步提升。2022年，水务、公安、发改、住建等部门开展联合检查2次，重点区域整治1次，治安拘留1人。2022年4月7日，草堂派出所河道警长联合市农业农村局在百花大桥现场挡获非法捕鱼嫌疑人郑某，嫌疑人郑某被市农业农村局带回立案调查，经调查郑某触犯刑法，已受理为刑事案件进一步侦查。

（二）设立河道警务室，强化河道沿线社会面防控

为深入贯彻落实《四川省河湖长制条例》，健全河长制联合执法机制，推进行政执法与刑事司法高效衔接，青羊区在"河长＋警长"的基础上，针对干河、南河沿线涉水违法行为特点，在草堂路派出所设立河道警务室，进一步深化河道警长制工作，促进河道协同治理。草堂辖区河网众多，垂钓爱好者与市民以及放生群众时常发生矛盾，其中不乏牵扯到民族矛盾，此类纠纷每年为20余起，接到此类报警，河道警务室民警第一时间参与调处化解。为及时发现矛盾纠纷苗头，派出所还强化"河道警长"的实地走访和滚动排查工作，及时发现苗头性线索和预警性信息，参与矛盾纠纷化解。2022年以来，化解涉水矛盾纠纷6起。

（三）治水理念融入市民生活，引导河流管护全民参与

2021年，青羊区借助设立河道警务室的契机，因地制宜，对河道警务室进行"景区式"打造。青羊区河道警务室位于浣花滨河路与浣花南路交叉口，在美丽的干河河畔，是周边居民散步、夜跑的必经之路。为引导市民更多地参与水生态治理，青羊区对河道警务室实施"景区式"打造，大量植入生态元素，初冬银杏变黄，警务室门前宛如"黄金大道"，金黄的叶落在河道警务室纹理清晰的飞檐青瓦上，组成了独特的浪漫画卷，吸引了不少市民驻足打卡。此外，青羊区还将河道警务室作为加强群众和政府部门联动的桥梁，依托河道警务室，建立爱心驿站，给环卫工人、出租车司机提供乘凉、取暖、休息的地方；发动寻香道联盟、萤火虫护卫队等社会力量参与河道管护，并邀请广大群众巡河、治水、建言和监督，既发动群众举报涉水违法犯罪线索、参与河道巡查，又向群众宣传环保法律法规，倡导爱水护水的文明意识和良好习惯。

三、经验启示

健全部门协调配合机制，防止政出多门、政策效应相互抵消，是完善国家行政体制，构建职责明确、依法行政的政府治理体系的重要环节。青羊区通过设立河道警务室，深化河道警长制，充分发挥公安部门工作职能，加强对接融合及信息共享，促进辖区河湖管理执法保障、联合整治及公众引导。

（一）河长、警长齐抓共管，为长效治水筑起"安全网"

青羊区通过建立公安机关与水利、渔政等部门的信息互通、资源共享和联合执法、联动联勤等工作协作机制，不断深化"河长＋警长"联动，紧盯河湖水域多发的违法犯罪问题，部署开展专项打击行动，依法打击各类涉河湖违法犯罪行为，最大限度强化刑事打击威慑和震慑效果，切实形成严厉打击危害河湖安全违法犯罪的高压态势，确保河湖安全。

（二）景观化打造沿河设施，公众参与河湖保护更进一步

近年来，各地利用各种媒体和传播手段，大力宣传河长制湖长制工作中的新思路、新举措、新进展、新成效，不断增强公众对河湖保护的责任意识和参与意识。河长制公共设施（河长公示牌、告示牌、河道警务室）是推进全民参与治水的重要环节，通过优化设施，实现优质内容展现，居民可进一步了解青羊区实行河长制的要求、监督河长制工作，是全民共同参与河道保护的沟通窗口。爱美之心人皆有之，青羊区河长公示牌、河道警务室的设计改造将水利文化与城市风貌有机结合，打造出别具一格的河道景观，吸引更多市民参与河湖保护，营造全社会关爱河湖、保护河湖的良好氛围，加快形成河湖共建共治共享的新格局。

"微网实格"治理体系赋能基层河湖管护

——金牛区基层河湖管护实践*

【摘　要】　成都市金牛区结合基层河湖管护实际,坚持党建引领,因地制宜设立街道、社区河长工作室,创新河湖巡护工作模式,强化河道巡护队伍,建立跨社区联防联控协作机制,健全城市"微网实格"治理体系,有效赋能基层河湖管护,成功激活了河湖长制体系"末梢神经",探索形成基层河湖管护的"金牛方案"。

【关键词】　微网实格　基层河湖管护　全民护水

【引　言】　河湖长制工作是以习近平同志为核心的党中央作出的重大决策部署,是生态文明建设的重要内容,是加强基层治理的重要手段。强化河湖长制,完善基层河湖长组织体系,建立健全相关制度和机制,对推进基层治理体系和治理能力现代化建设具有重要作用。党的二十大报告提出,完善网格化管理、精细化服务、信息化支撑的基层治理平台。作为一座人口超2100万的超大城市,近年来成都市诵过探索"微网实格"治理体系,把网格触角真正延伸到每一户居民,推动实现管理单元最小化、服务效能最大化,极大提升了城市的精细化治理效能。金牛区深入践行习近平生态文明思想,认真贯彻落实省、市关于加强基层河湖管护工作要求,积极探索基层河道管护治理新路径。通过挖深拓宽厚植河长制,激活河长制体系的"末梢神经",实现"微网实格"赋能基层河湖管护,为破解基层河湖管护难题,打通河湖管护"最后一公里",探索形成基层河湖管护的"金牛方案"。

一、背景情况

近年来,成都市河长制办公室持续深化完善管护体系,总结形成了

---

* 成都市金牛区河长制办公室供稿。

以强有力的基层党组织为核心,以健全的河湖长制体制机制为关键,以完备的河湖管护队伍为重点,群众广泛参与,持续实现生态价值的基层河湖管护"解放模式",并在全省部分市(州)试点推广。金牛区认真贯彻落实省、市关于基层河湖管护"解放模式"推广工作要求,以维护河湖功能良好和生态健康为目标,以完善基层河长制工作体系为重点,坚持党建引领,充分发挥基层党组织"火车头"的引领作用,建立社区河长制工作室,健全建强巡河工作队伍,强化网格化管理,不断完善基层河长制体制机制,积极创建企业共治、群众参与的多元化河湖管护模式,着力解决基层水环境治理方面存在的突出问题,有效助推小微水体水质持续提升和河湖水环境、水生态持续改善,大大提升了城区居民的获得感、幸福感和安全感。

二、主要做法

(一)"微网实格"治理体系赋能基层河湖管护

基层治理的精细化水平是检验超大城市治理能力的"显微镜"。"微网实格"治理是指通过划小划微、赋能做实基层末端治理单元,重塑基层组织动员体系,以多元力量集成提升基层效能的治理方式。近年来,金牛区建立健全"社区总网格——一般网格—微网格"和自主划分"专属网格"的组织架构,选优配强网格力量,在专职网格员基础上,从村组干部、楼栋长等群体中选配微网格长(员),作为基层河湖管护的核心骨干,明确微网格员(长)的工作职责、工作内容和工作方式,并从商务楼宇、各类园区、集贸市场、机关、企事业单位等群体中选配专属网格员,促进网格化管理向小区楼栋单元等"神经末梢"延伸,实现"微网实格"赋能基层河湖管护,激活基层河湖管护"微力量",为城区基层河湖长制标准化建设奠定了基础。

(二)实行"1+10+5+N"河湖巡护工作模式

沙河源街道新桥社区探索实施"1+10+5+N"的河湖巡护工作模式。"1"即一个党委核心:社区党委充分发挥核心引领作用,建阵地,强组织,完善河长工作室各项制度,将基层力量牢牢团结在社区党委身边。"10"即10个小区院落党组织:小区党支部紧紧围绕在社区党委身边,强阵地,做先锋,通过支部力量,发动号召小区党员、群众中的积极分子成为巡河护河的有生力量。"5"即5个小区物业单位:将源头治理的主体责任落实到物业管理方,与其签订责任书,物业有责任对小区内居民污水乱排、乱倒情况进行劝说、阻止。"N"即辖区内各类商户、单位:每个人都是河流保护的责任人,社区建立商户、单位台账,对其性质进行分类,对各单位进行宣传、培训,让餐饮企业签订承诺书,让每个单位成为河湖管理的第一责任人。通过"1+10+5+N"工作模式,形成多元共建、多头发现的河湖巡查、发现、上报工作机制,有效解决基层河湖管护"最后一公里"问题。

(三)实施"四巡三查"河湖巡查工作法

新桥社区实施"四巡三查"工作法。四巡指的是:巡水质——通过查看水体颜色、水体异味,及时排除上流或小区污水溢流和生活排污问题;巡设施——通过查看堤岸和河道设施设备,及时排除隐患,维护河道安全;巡清洁——通过查看堤岸、河道内漂流堆积物,及时报送河道管护公司进行清理,保持河道清洁畅通;巡情况——通过查看河道、堤岸周边禁渔期垂钓、违规捕鱼等情况,及时制止违章。三查指的是:查小区——通过日常排查小区管网,及时发现居民生活用水直排、管网破损等问题,及时告知责任人进行整改;查商户——通过监督商户,尤其是餐饮企业的用水排放情况,制止违规行为,发现问题,及时整改;查路面——通过查看路面污水溢流情况,及时解决小问题、上报人问题。

(四)建立跨社区联防联控协作机制

沙河源街道建立跨社区联防联控协作机制。一是建立联合巡查报告制度。当河长巡河发现对方社区问题时,及时报告社区河长,由社区河长在当日内向对方社区河长告知有关情况。如发现问题涉及双方社区时,由发现方社区河长提出联合巡查建议。二是建立协调会议制度。由街道河长办召开多社区协调会,就解决相关河道问题提出建议,由街道河长办牵头商议形成解决问题方案。三是建立联合执法制度。当河道有需要联合执法解决的问题时,由街道河长办积极协调紧邻街道河长办或区河长办,组成联合执法队伍进行执法。四是建立重大突发事件协同处置制度。当发生重大突发事件且涉及其他街道时,由社区河长上报街道河长办并向对方办事处河长办告知，积极协同处置。

（五）实行雨污井排查"三色"管理

新桥社区积极推动小区院落巡查"微网实格"落地做实。制定专用巡查册，每月2次固定巡查雨污井点位，对巡查中发现的问题和居民、商户反映的问题及时核实，按照问题解决流程进行有效处置，处早处小避免问题拖拉。将雨污井按重点部位进行分类，实行红黄绿"三色"管理，把经常出问题、重大污水错排的作为管理的重中之重赋予红色，偶出小问题的赋予黄色，长时间不出问题的赋予绿色，把问题已解决并没有反弹的进行降色管理。通过三色管理有效减少巡查的时间，为各级河长和网格员减轻工作负担。

（六）探索实施志愿服务积分存折制度

天回镇街道万石社区设立志愿服务积分存折，鼓励社区居民踊跃参与志愿服务活动。将河道管护纳入志愿服务中，突出"奉献、友爱、互助、进步"志愿服务精神，营造"人人为我、我为人人"的良好氛围。加强对志愿服务队伍的培训力度，持续提升服务意识和服务水平。积极开展河道管护志愿服务，坚持精神激励与物质激励相结合，设立"河道管护光荣榜"，年底将评选出优秀护河志愿者并进行表彰。同时将积分量化，根据积分兑换米、面、油等实物奖励，切实提升了居民参与感、获得感。

（七）开展河湖长制进校园活动

万石社区实施河湖长制进校园，与实验小学、锦北小学等小学开展河湖长制互动活动。一是社校互动。在与两所小学签订区域化党建合作协议的基础上，将河道管护工作纳入共建内容，积极开展保护水环境共建行动。二是家校互动。依托学校开展"小手拉大手"活动，引导小学生将学到的环保理念和知识，分享给家人和身边的朋友，努力成为河道管护的倡导者、宣传员和小卫士，形成"教育一个、带动一家"的良好局面。三是企校互动。积极为企事业单位和学校搭建共建平台，推动消防特勤四中队防火灾、防溺水安全知识教育进校园，受到社区居民一致好评。

（八）组建退役军人河道巡护队

九里堤街道北路社区成立由平均年龄59岁的12名退役军人组成的河道巡护队，对北路社区水域开展每周至少一次巡护工作，建立以退役军人为主体、辖区内企事业单位和民间河长配合的基层河湖长制组织管理体系，充分发挥退役军人"服从命令、听从指挥，首战用我、用我必胜"的优良品质。自2022年6月20日成立退役军人河道巡护队以来，共开展巡河护河任务34次，查处和劝导流动钓鱼者85人次，解决处理河道问题5个，协调水环境治理问题13个，切实让退役军人"动起来、聚起来、用起来、响起来"，服务基层河湖管护和基层治理能力现代化建设。

三、经验启示

（一）坚持党建引领是首要前提

河湖治理作为社会治理的一项重要内容，必须坚持党建引领，把工作纳入各级党委议事日程。河湖治理的中心就是要坚持党建引领，把"创建"的最终目标落实到水环境水生态产生的社会价值上。基层党组织只有真正把河长制工作抓在手上、放在心上、扛在肩上，把其作为民心工程的头等大事来谋划发展，从办公条件设置、人员队伍建设、外部环境创造、宣传引导激励、年初工作预算等着手，才能为河长制工作良性发展起到统揽作用。基层河长要率先垂范，自觉将巡查范围和巡查内容纵深延伸，当好宣传员、示范员、研究员、巡查员、联络员，及时向上级反映周边群众对于治水的意见和建议，协助畅通群众参与河长制的渠道。

（二）基层"网格"治理是重要支撑

基层治理是党联系群众的"最后一公里"，"网格制"也是人民群众感知执政能力的"最近一百米"。"微网实格"作为基层治理体系的创新探索，是健全基层群众自治机制的有益实践，实现了组织优势、整合资源、服务功能最大化，让基层民主活力不断增强，让群众成为基层治理的广泛参与者、最终评判者和最大受益者，让基层服务的组织体系更加科学精细，资源整合更加充分有效。金牛区通过科学细分网格，构建三级微网实格治理架构,让社区具备了3小时以内网格力量基本完成入户排查和宣传组织动员的能力,同时将综治、城管、市场监管各类网格进行整合,实现了"多网合一、一网统揽",网格力量更加集中,为基层河湖管护有效赋能。

(三)推动全民护水是关键环节

产生污水的主要来源是人,解决人为的问题才是根本。目前,居民的护水养成意识还不强,认为护水是政府的事情,"共建、共治、共享"的社会理念还没有牢固树立。基层河湖管护"解放模式",是以打通河湖管护"最后一公里"为目标,通过完善村级河长设置、健全工作机构、增强管护力量,发动和带领群众共同参与河湖管护,从而实现基层河湖共建、共管、共治、共享的独具四川特色的创新机制。金牛区通过引导完善居民公约,对居民的日常行为进行引导,进一步强化群众爱河护河意识。推行水环境治理群策群商机制,完善社区议事制度,拓宽群众参与公共事务的途径和渠道。鼓励流域内企业负责人担任企业河长,签订水环境社企共管协议,增强企业主动参与河长制和水环境防污治污工作的主动性,实现了企业共治、群众参与的多元化河湖管护模式。

(四)创新管护方法是必由之路

不同区域水环境现状、分布情况、河道条件都不相同,因此无法采取统一的河湖管控模式,需要遵循因地制宜的原则,开展"一河(湖)一策"全面有效治理。金牛区为了破解基层河湖管理难题,结合本地区实际情况,因地制宜设立社区河长工作室,明确专(兼)职人员,完善工作制度,通过实施"1+10+5+N"河湖巡护工作模式、"四巡三查"河湖巡查工作法、雨污井排查"三色"管理、志愿服务"积分存折"、河湖长制进校园、成立退伍军人河道巡护队、"红黑榜""正负清单""英雄榜""光荣榜"等一系列创新措施,完善了基层河湖长组织体系、制度体系和基层河湖管护队伍,充分调动了广大群众长期参与河湖管护的积极性,确保河湖治理成效持续巩固提升。

全民协作构建护水管水新格局

——武侯区公众参与河湖管护实践*

【摘　要】 成都市武侯区深入贯彻习近平生态文明思想，践行"绿水青山就是金山银山"的理念，推进河长制工作向纵深发展，推动河湖管护工作由"政府管护"向"全民参与"转变，引导全民关心、支持、参与和监督河湖管护工作，当好护水管水的践行者、推动者、宣传者和监督者，营造全社会参与河湖管护的良好氛围，形成了具有公园城市特色的全民护水管水新模式，为建成山水人城和谐相融的公园城市提供强有力的水生态支撑。

【关键词】 武侯区　民间河长　专家河长　全民共治

【引　言】 河湖的管理保护与每一个人都息息相关，调动社会各方力量参与河湖管理保护，营造全社会共同关心和保护河湖的良好氛围，是中央全面推行河湖长制的明确要求，也是全面推行河湖长制的应有之义。民间河长、志愿者、义务监督员是河湖管理保护的重要力量，对推动河湖长制的落实具有重要作用。成都市武侯区自2017年全面推行河长制工作以来，积极探索全民参与护水管水路径，系统谋划、部署、推进，从政府治水护水演进到引导社会力量广泛地参与治水护水，实现了河湖治理保护从工程类的整治向更全面、更深入的长效管护转变。

一、背景情况

武侯区河流密集、水资源丰富，共有大小河道45条，全长约158km，江安河、清水河、锦江三江环抱，黄堰河、高攀河、鸡公堰、三吏堰、金花堰、肖家河纵贯全境，全区河道均属于锦江流域。改革开放以来，受流域内企业及人口数量快速增长等因素影响，沿街餐饮商铺等企业污水直排、水环境污染、环境监管不力等问题也随之而来。

---

* 成都市武侯区河长制办公室供稿。

呵护碧水清流　建设幸福河湖

2017年4月,武侯区开始全面推行河长制工作,通过不断织密制度体系压实各级河长、河长办和相关部门责任,推动河长制工作落地见效,盯紧"河畅水清"治理目标,在队伍建设、机制创新、保障支撑上下功夫、夯基础,推进河湖面貌持续改善,老百姓的获得感、幸福感、安全感明显提升。2021年,武侯区国考、市考断面水质稳定实现达标率100%,主要出境河道水质全面消除Ⅴ类;连续两年在成都市22个区(市、县)河长制考核中位列第一名,并成功入选成都市首批"河湖管理保护示范县"。

二、主要做法

武侯区在官方河长的基础上设立民间河长、专家河长、企业河长、志愿者团队,创新机制,搭载宣传平台,全力打造"共建共治共享"生态链,全面促进水生态环境保护。

(一)凝聚社会力量,构建多元护水体系

一是组建民间河长队伍。武侯区在三级河长管理体系的基础上,筹建覆盖在校大学生、企业员工、教师、个体经营业主等多个行业的"民间河长"队伍。民间河长作为"宣传员""示范员""监督员""巡查员""联络员""评论员",以所在地区、乡镇河湖坡堤为单位开展河湖库保护工作。自2018年开始,武侯区连续创新开展"民间河长"聘任,截至2022年,已公开招募民间河长70名。二是创新设立"专家河长"。聘请水环境治理方面的专家成为武侯区河湖治理的智囊团,重点针对水环境治理进行问诊把脉、现场调研、实施指导,提供独立、公平、客观的咨询和判断,全面参与河湖管护工作,为武侯区科学、精准治水提供智力支持。自2020年开始,持续推进"专家河长"招募工作,聘任来自水污染防治、水生态修复等领域的专家,协助推进水环境治理更加科学、精准、高效。三是探索引入"企业河长"。与辖区内相关涉水工程建设及涉水生产企业签订《水环境共建友好合作协议》,推进企业积极支持河长制和河湖管理保护工作,切实承担社会责任。各企业河长以身作则,引导企业治污,发挥了内行监督内行的优势,能够及时发现制止污染企业各种偷排漏排。四是扩充志愿者团队。深化"共青团+青年环保社会组织

＋青年志愿者队伍＋青年突击队"的建队模式，建立与区、街道、社区三级河长体系相对应的三级"河小青"队伍，吸纳近100位青年志愿者参与河湖管护行动。

（二）强化制度建设，提供管护保障

一是规范管理制度。为规范民间河长有序工作，成都市河长制办公室印发《成都市民间河长工作指南（试行）》，明确了民间河长组织成立机制、民间河长招募机制、主要职责及运管流程等。武侯区严格民间河长的招募、注册、培训等工作，建立民间河长档案，进行履职全过程管理。二是建立公众参与机制。武侯区为每位民间河长及志愿者等开通e河长小程序，搭建政府与群众的沟通桥梁。民间河长等对于日常巡查过程中发现的污染水环境、破坏水设施违法行为可及时举报，也可充分发挥熟悉环境与民情的优势，积极建言献策，为河湖治理提供合理可行、切合民意的建议。三是建立资金保障机制。武侯区每年与民间河长组织签订协议，约定民间河长年度工作重点内容，落实相关工作开展资金，并为已备案的民间河长统一购买意外保险，每月巡河按标准发放交通费、话费等补贴。四是建立考核奖惩制度。通过聘请第三方对民间河长日常工作进行监督，每月发布巡河简报，并对民间河长巡河履职情况进行考核，每季度对确因主观原因导致工作不力的"民间河长"予以撤换，并向社会公开，每年对表现优异的民间河长由区河长办、民间河长组织进行表彰奖励。

（三）搭载宣传平台，营造良好氛围

一是开展河长制工作"七进"系列宣传活动，武侯区通过河长制工作进机关、进乡村、进社区、进党校、进学校、进企业、进单位"七进"宣传活动，对全面推行河长制的总体部署和重点工作推进情况、全面推行河长制的工作成效、河湖管理保护典型人物事迹及示范引领作用、涉河湖问题社会监督、举报方式途径等内容进行广泛宣传。二是举办"河湖诗歌秀"全民亲水活动，不断增强全民关爱河湖、珍惜河湖、保护河湖的生态环保意识。三是持续通过四川新闻频道、成都公共频道、四川日报、成都晚报、成都商报、今日头条等多家省、市主流媒体，对武侯区河湖治理情况及管护成效进行跟踪宣传报道，营造全社会共同关心、

支持、参与和监督河湖管理保护的良好氛围。四是积极开展交流培训，以基层河长的日常工作为素材，制作武侯区河长制管理工作微视频；加强与"成都绿氧环保组织""成都市河流协会"等民间公益组织的交流互动，集思广益，推动河长制工作深入开展。

（四）彰显管护成效，推动科学治水

武侯区公开招募的民间河长积极履行"宣传员""信息员""监督员""评论员"责任，共计推动解决河道污染问题，弥补了政府部门日常监管力量不足、部分时段、地域监管不到位等问题。专家河长为河道生态修复、污水处理站改造等工作把脉开方，以专业力量推动科学治水，破解了江安河金江路排口、高攀河市政污水管网带压溢流等河道治理疑难问题，为武侯区河道治理贡献了强大力量。

三、经验启示

武侯区着力充实拓展河长队伍，凝聚社会治水护水合力，全民化护水、科学化管水，构建起了全民治水新格局，取得了值得推广的典型经验。

（一）坚持团结治水是破解河湖管护问题的关键

河湖管理保护事关每个人的切身利益，需要全社会共同努力。武侯区通过全面推行河长制，充分发挥集中力量办大事的制度优越性，编织起一套"硬核"全民治水网，汇聚起各方面的智慧和力量，民间河长护水有力、专家河长治水有方。实践证明，凝聚全社会治河护河合力，才能对河湖治理顽疾各个击破，河湖生态持续向好，形成守护绿水青山的强大合力。

（二）坚持创新机制是实施长效管护的保障

坚持目标导向、问题导向、效用导向，创新河湖管护机制是推进河湖长制及河湖管护工作落地见效的关键。武侯区以民间河长建设为重点，着力构建河湖长效管护体制；以"e河长"小程序为平台，着力构建官民联动护河机制；以考核激励机制为抓手，督促民间河长等履职尽责，全面推进河湖管护的精细化、制度化、长效化，努力实现河湖长效管护水平、河湖面貌、群众满意程度三个新跃升。

（三）有效宣传引导是提高公众护水意识的前提

武侯区举全民之力通过一系列动员群众关注、支持、参与推行河长制工作，不仅搭建了一条政府与群众良性沟通的桥梁，也为水环境治理营造出全民共治共管的良好氛围。推进河湖长制进企业、进校园、进社区、进农村，发挥新闻媒体作用，开展大型群众性主题实践活动，报道治河护河故事，展现河湖面貌变化，充分调动公众参与热情。畅通公众参与渠道，加强舆论引导和监督，提高群众参与河湖保护的意识，全社会关心参与河湖保护治理的氛围日益浓厚。

（四）增强群众满足感是深化河长制工作的动力

保护和改善河湖面貌，让老百姓用上清洁干净的水，享有河畅、水清、岸绿、景美的生产生活环境，为群众提供更多的优美生态环境产品，是民之所望、施政所向。武侯区不断完善公众参与机制，通过招募民间河长、社会监督员，引导发展公益志愿服务组织，着力解决人民群众最关心最直接最现实的涉水问题，河湖保护治理成效得到了人民群众的广泛认可。实践证明，全面推行河湖长制必须坚持以人民为中心的发展思想，还河还湖于民，不断满足人民群众对美好生活环境的需要，增强人民群众的获得感、荣誉感和幸福感。

"河长制＋生态司法"筑牢河湖保护法治屏障

——武侯区生态司法修复基地实质化运行案例*

【摘　要】近年来，成都市武侯区深入贯彻习近平生态文明思想，以"绿水青山就是金山银山"理念为指引，着力提升辖区生态环境修复能力和保护水平，依托公园城市现有自然生态禀赋，围绕城市现代化治理生态需求，深入探索"河长制＋生态司法"部门协同联动共治模式，积极开展"基层河湖管护＋恢复性司法"本地实践，成都市主城区首个公园城市示范区生态司法修复基地在武侯区宜居水岸江安河边揭牌落地，武侯区发布全省首例生态修复令典型案例，有力推动全区河湖管护工作再上新台阶，为依法治水管水奠定更加坚实的基础。

【关键词】武侯区　河长制　生态司法　协同联动

【引　言】党的十八大以来，习近平总书记专门就保障国家水安全发表重要讲话，从实现中华民族永续发展的战略高度，提出"节水优先、空间均衡、系统治理、两手发力"的治水思路，先后主持召开会议研究部署推动长江经济带发展、黄河流域生态保护和高质量发展、推进南水北调后续工程高质量发展并发表重要讲话，作出一系列重要指示批示，确立起国家"江河战略"，为河湖保护治理提供了根本遵循和行动指南。成都市武侯区通过建立"河长制＋生态司法"协同联动共治机制，进一步挖掘生态环境保护场景，健全河湖管护行政执法与生态司法修复无缝衔接的工作模式，不断提升水环境保护治理体系和治理能力现代化水平，为切实筑牢长江上游生态屏障贡献武侯力量。

一、背景情况

（一）顺应生态环境法治要求

中共中央办公厅、国务院办公厅《关于构建现代化环境治理体系的

---

*　成都市武侯区河长制办公室供稿。

指导意见》规定:"建立生态环境保护综合行政执法机关、公安机关、检察机关、审判机关信息共享、案情通报、案件移送制度";水利部与公安部联合印发《关于加强河湖安全保护工作的意见》强调:"进一步强化水利部门和公安机关的协作配合,健全水行政执法与刑事司法衔接工作机制,保障河湖安全";《四川省河湖长制条例》第三十四条明确:"建立和完善行政执法与刑事司法衔接机制。检察机关应当加强对河湖管理保护工作的法律监督,依法提出检察建议、开展公益诉讼。"从中央规范性文件的出台,到四川省首部河湖长制专门性法规的施行,标志着河湖长制从"有章可循"迈进"有法可依",更意味着基层河湖保护的法治"赶考之路"需加速前行。

(二) 回应城市生态发展诉求

武侯区宜居水岸江安河示范段水系通达、水质优良,野生鸟类种类繁多,是城市市区内不可多得的具有农田、水系、湿地、园林、城市公园、野生鸟类保护区等多种环境保护资源的生态基地,但河湖管理还是停留在环境卫生等方面的工作,对侵占河湖、妨碍行洪安全、非法采砂、非法取水等涉水违法犯罪行为的打击依然存在日常管理与行政执法脱节、行政执法与刑事司法脱钩等问题。结合成都建设践行新发展理念的公园城市示范区战略定位,为填补城市环境生态司法修复机制的空白,切实落实河长制关于加强执法监督的核心任务,以宜居水岸江安河示范段为创建载体,在成都市主城区深入开展"河长制+生态司法"机制建设,已具有较强的现实主导性和发展必要性。

(三) 响应河湖生态保护需求

随着经济社会发展和河湖监管的不断加强,大规模的河湖违法违规行为日趋减少,但也存在打"擦边球"的现象,对河湖健康造成隐藏伤害。当前,河长制已进入从全面强化、标本兼治到打造幸福河湖的3.0版本,但河湖"清四乱"仍然是强化河湖长制、严格河湖空间管控的重要任务,更是推动河长制向纵深发展的第一抓手。进一步加强辖区河湖管理保护,坚决打击整治河道"四乱"问题,结合武侯区特殊的环境资源条件及需求,根据辖区水环境管理保护工作需要及环境资源审判实践,由水行政主管部门联合审判机关、检察机关以及公安机关等多部门协同联动,既是构建坚实城市生态环境保护网的有力举措,也是深入推进河湖管理保护工作的迫切需求。

二、主要做法

(一)建成生态司法修复基地

2022年6月2日,第51个世界环境日前夕,由四川省高级人民法院主办,成都市中级人民法院、成都市武侯区人民法院、成都市武侯区水务局承办的成都公园城市示范区生态司法修复基地(武侯)揭牌仪式,在武侯区宜居水岸江安河畔隆重举行,这标志着成都市主城区首个生态司法修复基地落地建成。基地包含水生态保护修复、农田耕地保护、林业修复保护、巡回审判、沉浸式宣传教育、劳务代偿、智慧水务以及科学实验8大功能,构建了河道保护、水资源保护、林地保护、湿地保护、农田保护等多极资源要素融合体系,不断拓展生态环境保护空间,是武侯区推动"河长制+生态司法"有效运行的关键一步。

(二)建立"河长制+法官工作站"运行机制

围绕辖区内水环境生态保护法治需求,在武侯区宜居水岸江安河畔设立法官工作站,利用沿河设置的智慧河长公示牌,对驻站法官、河长等基本信息进行公示,不断完善"河长+法官"基本配置。自"河长制+法官工作站"机制运行以来,区河长办与区法院开展会商研判、联合巡查、线索移交、调查取证等联动协作10余次,切实加强了区级河长制办公室与审判机关的良性互动,有助于建立内外联动、优势互补、相互支撑的生态环境保护协作联动格局,是武侯区推动"河长制+生态司法"有效运行的有力抓手。

(三)签订协同联动共治合作协议

武侯区法院、检察院、水务局、公园局、公安分局、规划和自然资源局、生态环境局,以及属地街道办事处等多家单位共同签署《成都公园城市示范区生态司法修复基地(武侯)战略合作框架协议》,共同研究、探索生态保护和生态司法修复中出现的新情况、新问题,发挥各自职能专业优势，共同研究解决问题的措施与方法。共同开展涉及范围较广或社会影响较大的生态环境资源民事诉讼、公益诉讼、行政诉讼，开展诉源治理，并主动开展涉生态保护风险防范工作，共同维护辖区生态环境保护司法有利局面。2022年以来，依法依规办理涉水行政案件5起，是武侯区推动"河长制＋生态司法"有效运行的转化成果。

（四）建立生态环境保护协作机制

利用世界水日、中国水周、世界环境日、生态环境日等重要时间节点，开展"八方共治 守护公园城区幸福美丽河湖"活动，对辖区内涉水施工单位进行面对面普法宣传；举办"共筑生态文明 共话幸福河湖"户外研讨沙龙，深入研讨生态环境保护法检参与模式；开展"跨界联动 共治共护 生态司法助力河湖长治久清"活动，为进一步提升河湖生态、以司法力量助推河长制纵深发展提供支撑。武侯区坚持突出司法保障在河湖管理保护上的刚性力量，自建立多部门协同联动参与生态环境保护机制以来，已联合开展10余次河湖主题活动和专项行动，是武侯区推动"河长制＋生态司法"有效运行的活力纽带。

（五）共促环境资源案件依法办理

2023年6月1日，第52个世界环境日前夕，在武侯区宜居水岸江安河生态司法修复基地，开展了一场通过中国庭审公开网、抖音平台网络同步直播的巡回审判（基本案情：由成都市武侯区人民检察院指控被告人邓某犯非法采矿罪，向成都市武侯区人民法院提起公诉，一并提起刑事附带民事公益诉讼。2022年2—3月，被告人邓某以建渣清运项目施工为幌子，组织人员、车辆及挖掘机，在位于成都市武侯区某社区拆迁后的空地内挖地下连砂石，后贩卖给某砂石厂），庭审直播观看人数约40万人。审理中发出全省首例环资案件督促修复的生态修复令，实现了惩治犯罪、维护社会平安与生态治理修复的有机结合。从生态环境司法保护角度来看，既体现了生态司法修复的及时性、有效性、强制性，又体现了行政司法保障生态环境安全发展的信心，是武侯区推动"河长制＋生态司法"有效运行的生动实践。

三、经验启示

（一）安全的水生态保护场景需要司法护航

建立健全水行政执法与公益诉讼审判协作机制，充分发挥司法机关和行政机关在生态环境资源保护中的职能作用，形成行政和司法保护合力，共同打击涉水违法犯罪行为，是深入贯彻习近平生态文明思想、习近平法治思想和党中央决策部署的重要举措，对于强化河湖管理保护法治力量，在法治轨道上推动河湖治理能力和水平不断提升具有重要意义。

（二）健康的水生态保护空间需要机制保障

通过建立多部门生态环境保护协作联动共治机制，推动水行政主管部门与法检机关良性互动，进一步健全完善"河长制＋生态司法"衔接制度，整合多方力量推进河湖生态环境问题有效治理，积极拓展以河湖生态修复为载体的司法保护功能，实质化实效化运行城市生态司法修复基地，以法治思维和法治方式切实护卫蓝天碧水，为推动四川和成都平原高质量绿色发展作出了有效探索，也为武侯区全域生态环境保护提供了有力司法保障。

（三）活力的水生态保护行业需要多元参与

河长制是一项重大制度创新，涉及多部门、多行业、多领域，建立"河长制＋生态司法"工作机制，推动形成一体化生态环境资源司法保护工作新格局，强化协同治理，筑牢司法屏障，有效推进水行政执法与司法联动的衔接，形成辖区内生态环境多层次、多领域的齐抓共管新模式，既是推动河长制管理走深走实的有力举措，更是筑牢成都公园城市示范区生态安全屏障的重要抓手。

"河长制＋丰行侠"激发河湖管护新动力

——新都区基层河湖管护模式的创新与实践[*]

【摘　要】 河湖保护工作是河长制工作建设中的一项重要组成部分，是全面贯彻落实习近平总书记生态文明思想的积极实践。近年来，大丰街道以基层河湖管护"解放模式"创建为契机，立足城市社区的基本特点，因地制宜、创新探索党建引领下的"河长制＋丰行侠"治水新模式，以太平社区作为1个示范点，征集10位具有代表性的"丰行侠"，辐射新都100个社区，面向1000个家庭，牵手10000名志愿者，搭建"共巡、共商、共治、共护"平台，形成"共饮一江水、共护一条河、共治一段水"的工作合力，发挥基层优势，把爱水护水工作落实到最小单元，着力构建"全民一心，共建共治"的护水新格局，将基层河湖管护落到了实处。

【关键词】 河长制　"丰行侠"　基层河湖治理

【引　言】 认真贯彻落实生态文明建设思想和习近平总书记"节水优先、空间均衡、系统治理、两手发力"治水思路，充分发挥河长制制度优势，为维护河湖健康生命、实现河湖功能永续利用提供制度保障。成都市新都区大丰街道实施"丰行侠"项目以来，以基层党组织为引领，带动引导10000名志愿者参与到护水队伍中，为河长制管理开拓工作思路、创新工作举措，为全市其他地区缓解基层河湖管护压力提供了新的解决思路与模式。

一、背景情况

成都市新都区大丰街道地处成都市"中优"板块，是天府大道北延线的重要门户，是新都区建设"一心四区"的重要区域。辖区面积

---

[*] 成都市新都区河长制办公室供稿。

$17.5km^2$，辖区包含2个城市社区和13个涉农社区，常住人口约40万人，其中非户籍人口约33万人。辖区水资源丰富，主要沟渠9条，其中九道堰、友谊支渠、东风渠穿城而过，沟渠总长度共计180km。

大丰街道太平社区位于成都正北，紧临成都大运会场馆（凤凰山体育中心），坐拥沱江绿道（九道堰绿道）核心区水之星公园以及水无界展馆，九道堰、友谊支渠横贯其中。辖区面积$1.33km^2$，户籍人口6900余人，实际管理人口27000余人。

2019年以前，太平社区内沟渠污水直排、河岸散落白色垃圾、河内漂浮杂物、居民随意倾倒生活垃圾等问题时有发生，随着社区外来人口增加，社会管理难度增大。太平社区的现状就是大丰街道的缩影，如何改变环境问题发现处理不及时、社会公众参与不足的情况，实现水清岸美，打造整洁有序的村容村貌，成了大丰街道的工作难题。

二、主要做法

新都区大丰街道以太平社区为试点，将河湖治理从街道、社区延伸到村民小组再到户，管护任务从原有的河湖环境扩展到群众用水、排水等全方位涉水问题。通过党建引领，带动配送员、外卖小哥、物业管理员、热心商户、学生、社区孃孃、老年团队等不同群体志愿者，进入"丰行侠"队伍，共同参与区域涉水问题处置。

（一）强化党建引领，创新基层河湖治理新模式

1. "河长制＋三级丰行侠"

2023年6月，太平社区李伟发现，居民张婆婆家中用水曲线图发生重大变化，独居的张婆婆平常用水在3吨每月，当月用水量达到了30吨，发现用水量异常问题，李伟立即亲自上门查看，发现张婆婆家住进十几个不明身份的年轻人。经了解，这些年轻人正在从事非法传销活动。李伟立即报警，传销人员被带走，李伟的留心举动，避免了更多人上当受骗。

这位李伟就是新都区大丰街道太平社区征集的"丰行侠"，也是一名基层护水员。

"丰行侠"是行走在大丰街头的城市侠客，是护水的带头人和典范先

锋。太平社区建立三级"丰行侠"体系，一级"丰行侠"由太平社区两委负责人担任，二级"丰行侠"由村民小组组长和社区党员担任，三级"丰行侠"由配送员、外卖小哥等不同群体志愿者担任。负责范围按照区域和线路进行划分，划分的最小单元确保至少有一名三级"丰行侠"负责。太平社区按区域和线路建立护水工作档案，"丰行侠"工作期间统一着绿色马甲，配备工作笔记本、笔、护水宣传资料等，完成巡河护河、岸上风险提示、护水知识宣传、用水安全等工作。

新都太平社区将现有志愿者队伍共计600人，全部纳入"丰行侠"队伍开展护水工作，通过智慧社区小程序，建立护水任务派单、志愿者接单、积分兑换、积分排行等智慧体系。"丰行侠"实行严格的进入和退出机制，对积分高的"丰行侠"实行奖励，进一步促进护水志愿服务机制的不断完善，让更多人自觉投身志愿服务活动，促进了社区志愿服务长久化、持久化发展，引领社会新风尚，形成"可参与、可互动、可持续"的社区级智慧志愿服务新场景。

2. "河长制＋物流丰行侠"

新都区大丰街道强化党建引领基层治理，由党工委牵头成立企业党建联盟，锚定城区物流配送行业这一不断增长的新兴就业群体，整合美团、蜂鸟、顺丰、中通和韵达5家物流配送企业，搭建参与社区治理发展组织"物流丰行侠"队伍。通过成立"物流丰行侠"党支部，发展新党员，有效激活党建"红色引擎"，并推动"物流丰行侠"参与到水生态环境治理中来。

通过创建"河长制＋物流丰行侠"模式，太平社区将河长制工作与基层党建紧密结合，充分发挥基层治理主观能动性。配送员广泛的流动作用，扩大了河湖巡查范围，实现了由河到岸的巡查机制转变。"物流丰行侠"既是配送员，也是"宣传员""巡护员""监督员"，还是"护河员"，多重身份并举，深化落实爱河护河各项举措。"物流丰行侠"在配送过程中，向商户、社区群众宣传爱水护河、生态保护知识，利用社区生活物流网流动性，扩大宣传范围，让宣传发动工作进一步细化落地。

"物流丰行侠"加入护水队伍以来，向社区商户和订单群众发放护水宣传单共计1000余份，有效反馈涉水问题80余条，有效推动了涉水问题处置，充分带动群众积极参与。

3. "河长制＋物业丰行侠"

大丰街道强化党建引领基层治理，由党工委牵头成立企业党建联盟。根据大丰街道辖区内人口多、社会组织多、护水工作触角难以深入基层、社区环境维护不到位等实际情况，太平社区通过"河长制＋物业丰行侠"模式，细化管护区域，让"旁观者"成为"参与者"。将4个沿河小区物业经理聘为三级"丰行侠"，让社区物业管理组织成为社区生态环境维护的责任人。约定"三不三要"主体责任，即"不乱扔、乱接、乱排，要主动宣传、主动巡河、主动排查"，使社区物业服务延伸至周边河道、河岸范围。2023年1—5月，辖区保利物业主动排查并整改区域内一里桥排洪渠水环境问题10个，受到业主广泛好评。

4. "河长制＋网格丰行侠"

为全力打造"河畅、水清、岸绿、景美"的生态环境，太平社区将河长制工作纳入"微网实格"治理构架体系，依托"微网实格"，将河湖管护责任精细化，落实到人。社区原则按500～2000户的标准划分，确定11个一般网格，按照100～200户，确定145个微网格，每个一般网格配备1名二级"丰行侠"，每个微网格配备1～2名三级"丰行侠"。发挥"网格丰行侠"单元末梢的基层干事功能，让"网格丰行侠"成为基层河湖治理的眼睛和耳朵，通过"网格丰行侠"全覆盖服务，让每一个诉求都能得到更加顺畅的反馈和及时回应，深入爱水护水的毛细血管，形成护水治理闭环模式。同时，太平社区通过购买服务、志愿倡议等形式，整合辖区内网约司机平台、志愿者平台、商会平台等社会组织进入网格，不断壮大基层河湖管护队伍，推动基层护水工作进一步走深走实。

拓展"河长制＋丰行侠N"多元共建模式。通过"河长制＋丰行侠"模式，为河长制工作拓展新思路，创新工作举措。"丰行侠"项目实施以来，还逐渐孵化出"小小巡逻队""社区嬢嬢""银发护水队""党员护水队"等多支志愿者队伍。新都区通过树立大丰街道太平社区一个示范，将征集10位"丰行侠"带动新都100个社区、面向1000个家庭、牵手10000名志愿者共同参与护水行动中，践行基层护水新都模式，为其他地区基层河湖管护提供了可推广、可复制的解决思路与模式。

（二）坚持宣传发动，激发基层河湖监管新活力

广泛宣传，"新市民"成为"护河人"。针对辖区内外来人口多、流动性大、缺乏归属感的特点，太平社区一方面改造老旧院落，改善社区公共环境；另一方面通过居民公约、编顺口溜、天津快板、视频播放、开展社区活动等方式，强化宣传，提升社区居民爱护环境、爱护河湖的意识，让辖区内的"新市民"成为"护河人"。为了让新市民尽快融入城市并参与社区河湖治理，社区与妇联、团委、学校联动组建了巾帼、红领巾、博士河长等巡河志愿队，与"丰行侠"一起在世界水日、中国水周、"五四"青年节、环保日、国际儿童节等重要节日开展巡河护河活动。"新市民"成为"护河人"，担当起河湖管护宣传员、巡查员、监督员和示范员的新职责，营造出全民积极参与保护水生态环境的良好氛围。

畅通渠道，"线下巡查"+"线上处置"。太平社区利用"蓉e报"和智慧社区小程序，整合实名注册、规范"一听二看三辨四报"线索直报程序、拍照上传等功能，畅通涉水问题即时上报通道。后台工作人员将问题反馈至相关社区、各职能部门，相关单位迅速做出反应，做到问题"早发现，早处置"，将水环境污染解决在岸上。2023年6月开始通过"蓉e报"上报水环境治理线索，短短十天就收到20多条上报信息，问题处理率达到100%，提高了河湖质量监管效率。

充分利用"丰行侠"服务社区贴近群众的职业优势，参与涉水线索报送，持续推进基层爱水护水工作。2023年1—6月，辖区有60余名"丰行侠"上报区域友谊支渠和九道堰等河道问题、群众用水问题点位70余处，处理率100%，有效推动了河湖问题的发现与治理。

（三）构建共治格局，推进基层河湖管护新实践

太平社区牢固树立"人与自然和谐共生"的理念，坚持把良好生态环境作为普惠的民生福祉，以"河长制+丰行侠"河湖管护模式为切入口，以进入社区为连接，通过分层赋能助力，引导多方参与，凝聚治理合力，初步实现了基层河湖治理新格局，有力地推进了"共建、共治、共享"的河湖治理共同体建设。

几年来，太平辖区内的河湖面貌发生了可喜的变化，生态环境进一步得到改善，人民群众满意度增加，政府工作效能显著增加，为构建和谐家园提供了有力保障，探索出一条具有新都社区特色的基层河湖管护路径。

三、取得成效

（一）生态效益

随着环境的不断改善，整个太平社区辖区内的河流清澈见底，河流欢畅，两岸花红柳绿，漫步在沿河绿道，宛如行走在移动的画卷中。九道堰、东风渠、友谊渠、水之心公园成了市民平时散步、休闲的好去处。环境的改善引得鹭鸶、野鸭纷纷前来安家，真正实现了人与自然和谐共生的美好画面。

（二）经济效益

环境的大力改善，首先得益的是当地居民。安置小区北延新居、太平社区及附近土地价格、房价得到提升，周围商铺日益繁荣，人流量持续增加，带动当地经济的同时，也让老百姓实实在在地享受到了环境改善带来的经济效益。

（三）社会效益

"丰行侠"项目的持续推进，不仅使"丰行侠"深度参与水环境治理，也提升了市民素质，增强了外来人员对城市的归属感，其广泛的感召力充分激发市民的主人翁精神，从而带动更多群众参与到"河长制＋丰行侠"水生态环境治理中，市民保护水生态环境的意识明显增强，全区市民的幸福指数不断提升。

四、经验启示

（一）坚持党建引领，凝聚全民管水护水强大合力

河长制的核心是责任制，是以党政领导负责制为主的河湖管理保护责任体系。新都区大丰街道太平社区锚定城区新就业群体，发展新党员，通过成立"丰行侠"党支部，不断吸纳党员、入党积极分子加入，有效激活党建"红色引擎"，织密新业态、新就业群体的组织体系，打通河湖管护微循环，政府工作效能显著增强，形成党建引领下的共建共治共享

的全民治水护水新格局。

（二）坚持问题导向，打通河湖治理"最后一公里"

信息反馈不及时、信息处理不到位、群众参与积极性不高、宣传不足、护水项目运行未形成良性循环和长效机制等问题，是基层河湖治理中的现实痛点。新都区大丰街道坚持问题导向，以"河长制"工作内容为核心，以"丰行侠"队伍建设为抓手，充分发挥引领作用，为河湖治理引入生力军，深度参与当地"河长制"工作。通过设置积分奖励等保障机制，让"丰行侠"带动了涵盖社会各阶层的全民参与队伍，搭建起联合治水"大框架"，由点连线及面，打通了河湖治理"最后一公里"，营造出社会各界共同关心、全力支持、广泛参与和严格监督河湖管护的良好社会氛围。

（三）坚持工作创新，以制度机制赋能高质量发展

新都区大丰街道以基层河湖管护"解放模式"创建为契机，创新辖区河湖管理模式，构建多方参与新格局。通过"4项举措"，进一步强化保障机制，通过精细化、网格化的管理，推动河湖治理在各部门间形成"及时发现－畅通反馈－快速处理"的完整工作闭环，切实推动河长制各项重点工作落地落实，助力成都加快构建高质量发展战略格局。

（四）坚持以点带面，全面提升社会基层治理水平

新都区大丰街道以太平社区"河长制＋丰行侠"1个示范点，通过10位"丰行侠"辐射到新都100个社区，面向1000个家庭，牵手全区10000名志愿者，带领全区市民从参与河湖治理延伸到参与整个社会基层治理中，开创了基层良好工作局面，形成了全民共治工作合力，为提升新时代基层社会治理水平打下了坚实基础。

"河长制+点长制"助力河湖生态环境治理

——双流区创新治水新模式探索与实践*

【摘　要】2019年成都市双流区转变治水思路，以全面推行河长制工作为抓手，探索"河长制+点长制"治水新模式，明确"谁来管"，"专人、分片"合理设置点长；明白"管哪里"，编制"台账"理出污染点（源）位；明晰"怎么管"，"定点、定表、定单"制定工作细则；明显"管出效"，形成水环境整治"闭环"，全区6个水质考核断面达标率从2018年的17%提升至2019年的67%，截至2020年6月达标率为100%，河湖水生态环境明显改善。全面推行点长制，让发现、处置"更高效"，形成从"由面到点"和"由点及面"的有机结合，有效防止治理成果反弹，是创建幸福河湖行之有效的实现路径。

【关键词】　河长制　点长制　河湖水生态环境治理

【引　言】近年来，成都市双流区以"河长制"工作为抓手，严格落实"两级党政、三级管理"要求，区内47条河、渠共设立三级河长356名。为加大治痛点、去盲点、补弱点、破难点力度，实现辖区内水环境问题第一时间发现、上报、治理，双流区全面推行"河长制+点长制"工作，严格按照"区级河长主治、镇级河长主管、村级河长主巡、社区点长溯源"要求，形成"发现—上报—整改—巩固提升"的河湖水生态问题治理"闭环"。

一、背景情况

双流区辖内属岷江水系，水系发达、河流纵横，多集中分布于平原地区，流向近于由北东向南西。主要河流有金马河、锦江、江安河、杨柳河、白河和鹿溪河，河渠共有47条、总长118km。

---

* 成都市双流区河长制办公室供稿。

双流区地处四川天府新区重点区域，成都双流国际机场所在地，自撤县设区以来连续上榜全国经济百强区。在经济高速发展的同时，大气污染、水污染、河湖生态环境等问题也日益凸显。自2017年实行河长制工作以来，双流区积极践行"绿水青山就是金山银山"的理念，努力做好"水"文章，取得一定成绩，但也暴露出一些问题，比如：按村级河长巡河频率无法做到第一时间即时发现污染，现有防治体系不够完善，河湖水污染治理后易反弹等。因此，简单设立三级河长制已无法满足解决辖区水环境问题的迫切需求。如何破解难题一直困扰着双流。

为打通河长制工作"最后一公里"，努力推动河长制从"有名"向"有实""有力"转变，2019年，双流区转变治水思路，聚焦管好盛水的"盆"和保护好"盆"中的水，试点探索开展"河长制＋点长制"治水新模式，补足河长制工作短板，筑牢河湖水生态防治体系网。

2020年，双流区制定《全面推行"河长制＋点长制"工作方案》，在全区范围内推行点长制，进一步加强污染源管控，提升全区河湖水生态质量，努力创建人民满意的幸福河湖。

二、主要做法及成效

双流区把创建幸福河湖作为重大政治任务和落实河长制工作的重要路径来抓，依托"河长制＋点长制"治水新模式，在全区范围内推行点长制，牢牢守护靓丽的蓝色风景线，为加快建设美丽宜居空港公园城市提供良好水生态环境支撑，让蓉城大地重现"水润天府"盛景。

(一) 明确"谁来管"，"专人、分片"合理设置点长

点长，顾名思义，就是一点之长。双流区根据重点排口、污水处理设施、工业企业等需要重点监管点位分布情况，按照"专人监管、分片负责"原则，注重从懂业务、距离近、有时间等方面合理设置点长，原则上由社区水务员、居民小组长、网格员担任。例如杨华，本是一名社区水务员，也是老鲢鱼洞支渠点长，每天巡查河道排口3次并将点位上的"问题或治理成效"及时反馈给村级河长。截至目前，全区共设点长125名，辐射400余名网格员和356名三级河长。

对标"治痛点、去盲点、补弱点、破难点"的治水目标，双流区严

格按照"区级河长主治、镇级河长主管、村级河长主巡、社区点长溯源"要求,将点长制纳入河长制工作的重要组成部分,推动了河长制工作落地落实见效。

(二)明白"管哪里",编制"台账"理出污染点(源)位

双流区深知,河湖水质污染主要来源于各类污染源,加强污染源管控即可有效防治水质污染。为此,双流区首先对辖区内的河湖污染源进行全面排查,确定畜禽养殖场、农贸市场、"散乱污"企业、移动污水处理设施、重点排口及下河排水口等主要污染源。其次在各镇(街道)摸清存在排污行为或需纳入长效管理的重点污染源点位情况基础上,分流域建立污染源点位清单,按照污染源类别,交行业主管部门分类处置。例如,畜禽养殖场、农家乐行业主管部门为区农业农村局;机动车洗车场、砂石厂(搅拌站)主管部门为区城管局;"散乱污"企业主管部门为区新科局;移动污水处理设施主管部门为区水务局等。行业主管部门核实上报的污染点(源)情况,由双流区河长办建立污染点(源)台账,并选出具有代表性的污染源头或点位,加以重点整治。2020年4月,双流区再次梳理污染点(源),建立动态管理机制。

双流区西航港街道辖区内管网和污水处理设施较为薄弱,且因处于"三交界"之地,污染源错综复杂,外来污染源和企业偷排现象时有发生。为啃下水环境治理"硬骨头",西航港街道积极践行点长制,针对不同流域或污染类别,梳理出37个重要污染点(源),安排点长对点位重点监管,辖区内水环境得到明显改善。

(三)明晰"怎么管","定点、定表、定单"制定工作细则

在全区范围内更好地推行点长制工作,核心在"人"。双流区聚焦点长的具体工作内容,制定量身"定点"、据实"定表"、对症"定单"的监管流程,明确点长具体任务,细化工作要求,加强业务培训,让河长与点长紧密结合,提升河长制工作成效。

(1)量身"定点"明职责。将各类污染源逐一分类、分解,明确不同污染源的点长职责:工业企业排口监管点长重点检查排口是否有排污迹象;"散乱污"企业监管点长重点检查企业是否排污;居民生活污水排口监管点长重点检查污染源水质变化情况等。

(2) 据实"定表"明标准。针对"散乱污"企业、工业企业、重点污染点以及污水处理设施监管点位，设置差异化"记录表"："散乱污"企业、工业企业监管记录表重点巡查记录河渠两岸的工业企业有无工业废水排放不达标、偷排偷放污染物等行为；重点污染点监管记录表重点记录商户、生活污水是否排入污水管网；污水处理设施监管记录表重点记录设施设备运行效果。

(3) 对症"定单"明流程。针对不同问题类型，明确具体的报告流程方式，及时处理或上报发现问题并逐一建立台账：严格落实河长制工作机制，建立"点长—行业主管部门—河长联系单位—区河长办"四级工作责任体系和分级报告机制。

为强化点长履职能力，双流区坚持每季度结合基层河长培训，至少召开一次点长业务培训会，提高点长监管巡查时发现问题、判断问题的能力。

(四) 明显"管出效"，形成水环境整治"闭环"

在巡查频率方面，双流区要求点长每日巡查点位至少3次，及时巡查监管点位存在的问题，对发现的问题立即向所在社区河长汇报，由社区及时处理；不属于社区解决的问题，社区及时向街道河长办及行业主管部门报告，由行业主管部门牵头对问题及时整治。在巡查中发现新增污染源，报行业主管部门后，纳入点长制监管，形成"发现—上报—整改—巩固提升"的水环境整治闭环，打通河长制"最后一公里"。同时，发挥网格员作用，及时发现并上报所属网格中水环境问题，变区域边界治水"单打独斗"为"多元治水"格局。此外，双流区还启动了河长制"四进"（进企业、进小区、进家庭、进学校）专项行动，通过表彰"优秀指导教师""优秀小河长"，引导和激励企业员工、城乡居民和在校学生自发守护家乡河湖；为充分发挥人大代表作用，区人大常委会在巡河App上开发设置"人大代表巡河"模块，组织区内各级人大代表开展每月不少于1次的巡河活动，及时上传发现问题，加大对区内河道及水环境治理成效监督。

2019年，双流区三级河长巡河31673次，巡河率100%，发现问题1343个，整改问题1340个，整改率99.8%。实行点长制以来，双流区持续抓实水污染防治，对江安河、杨柳河等流域排查出的118个水环境突出问题实行台账管理，目前已完成治理100个，完成率85%；强化养殖场、"散乱污"企业等2613处污染源整治后的长效监管。2020年1—6月，全区召开水环境治理专题会议8次、流域治理工作会议34次，开展水环境治理专项行动107次，累计巡河12281次，发现问题372个，整改问题371个，整改率99.73%。截至2020年6月，锦江黄龙溪国控断面、江安河二江寺国控断面水质达Ⅲ类，江安河协和三江村断面水质达Ⅲ类、金马河广滩断面水质达Ⅱ类，杨柳河桃荚渡、白河应天寺断面水质达Ⅳ类，考核断面水质达标率100%。

三、经验启示

2019年，成都市双流区"河长制＋点长制"治水模式入围全国10大基层治水经验候选，并作为成都市区（市、县）唯一代表被推荐到水利部长江委参加全面推行河长制先进单位评选。主要经验启示如下：

（一）将污染"扼杀"于摇篮，发现、处置更加高效

处理好河湖水生态问题，就是守住发展的根本。作为监督管理的"末梢神经"，点长具有对辖区情况熟悉的优势，辅以"网格员"，发现、处置河道水环境及违法排污问题最快处置时限仅为15分钟。同时，利用"双流区河长制管理工作平台App"在线实时反馈的优势，在保证高巡河率基础上，有效提升水环境问题发现率和整改率。河长、点长、网格员三者有机结合使问题的发现和处置更加高效。

（二）巩固治理成效，有效预防治理反弹

从现状来看，排口、黑臭水体等治理出现反弹，多数为点源污染所致，点长将点位监管好，弥补了河长制不足，形成合力、实现共治，有效预防治理反弹。自点长制推行以来，双流区排口治理实现"零"反弹，巩固和扩大了治理成果。2020年，双流区全面打响水环境治理攻坚战，将全面消除辖区内黑臭水体、劣Ⅴ类水质断面，点长将成为"主力军"。

（三）创建幸福河湖，形成从"由面到点"到"由点及面"的有机结合

点长制是河长制工作的延伸，是推动生态美丽河湖到幸福河湖的生动实践。河长护河,统筹推进河湖治理;点长管点,守住点位问题,就是守住面上问题。推行"河长制+点长制"工作模式,从"由面到点"到"由点及面",实现了点与面的有机结合,开启了治水崭新篇章。

2020年以来,双流区坚持问题导向,依托"河长制+点长制"模式,加大水环境治理统筹攻坚。围绕锦江双流段水质达标目标,相继召开水环境治理攻坚会、环境保护大会,认真学习贯彻习近平总书记在深入推动长江经济带发展座谈会上的重要讲话和省市有关会议精神,制定印发锦江黄龙溪断面水质达标攻坚行动实施方案和"消黑除劣"攻坚行动实施方案,以问题为导向,全面梳理水环境问题,实行分类建账、清单管理,切实把河长制工作落到实处,推动河长制工作从"有名"走向"有实""有力"。

牵起家校之手　共建幸福之河

——双流区河长制进校园的探索实践[*]

【摘　要】 自全面推行河湖长制工作以来，各地不断织密制度体系、各级河长履职尽责，不断推动河湖长制"有名有实""有能有效"，人民群众的获得感、幸福感日益提升。随着河湖长制的深入推进实施，大江大河治理成效显著，但房前屋后等小微水体仍需加大力度整治，因此新时代背景下治水应不再局限于某一级河长或某一级政府的工作，应吸纳更多力量参与治水，形成共建共治共享的良好氛围。2022年，双流区在现有河长制工作体系上，创新探索"一河一校"工作机制，全区12所中小学校主动"认领"管护一条河流，通过开展水情教育、课题研究等，让水环境保护理念种子沁润童心，为中小学生扣好水情教育第一粒扣子，引导关爱河湖、珍惜河湖、保护河湖社会自觉，初步构建起"政府引领学校、学生带动家长、家庭推动社会"治水管水新格局。

【关键词】 河长制+教育　校地共治　全民治水

【引　言】 进入新时代，河湖长制成为中国生态文明建设的新实践。近年来，双流区以习近平生态文明思想为指引，落实落细河长制工作各项要求，坚定走生态优先、绿色发展之路，积极融入长江经济带发展，深入打好水污染防治攻坚战，不断筑牢长江上游生态屏障，实实在在地把"绿水青山"变为"金山银山"。2022年3月，双流区深化河湖长制改革，探索基层河湖管护模式，创新建立"一河一校"工作机制，旨在发挥学校启蒙教育阵地的作用，依托"河长制+教育"，以政府带动学校、学校带动学生、学生带动家庭、家庭带动社会，开创校地共治新模式，不断深化全民治水，持续改善水生态质量，努力打造美丽幸福河湖。

一、背景情况

双流区位于成都市中心西南郊，是四川天府新区重点区域，成都双

---

[*] 成都市双流区人民政府供稿。

流国际机场所在地,成都市城市向南发展的中心地带。境内水资源丰富、河流密集,主要河流有金马河、锦江、江安河、杨柳河、白河和鹿溪河6条,河长超过110km,大小沟渠47条,均属岷江水系。

近年来,双流区深入践行习近平生态文明思想,牢固树立"绿水青山就是金山银山"理念,持续推进河长制工作向纵深开展,虽取得了一定成绩,但仍存在工作模式较为单一、治水朋友圈不够丰富等问题。河湖治理由各级政府主导,企业和公众的参与重视程度不足,水环境治理的社会性、共享性未能较好实现,居民不能充分意识到河湖长制工作改善生活环境所带来的红利。2022年3月,双流区河长制办公室深化河湖长制改革,探索基层河湖管护模式,创新建立"一河一校"工作机制,依托学校这个教育启蒙阵地,扎实开展涉水课题研究、生态实验室、巡回研学课等水情教育宣传,让水环境保护理念种子沁润童心,为中小学生扣好水情教育的第一粒扣子,引导关爱河湖、珍惜河湖、保护河湖社会自觉,不断推动"美丽河湖"向"幸福河湖"汇流。

二、主要做法和取得成绩

(一) 主要做法

坚持统筹谋划,系统推进机制建设。结合双流"六河贯境、沟渠众多"现状,允分激发师生敢想善做的创新实践活力,强化"1+4+N"机制建设。"1"即一个总体谋划,系统思考"一河一校"如何开展,围绕"干什么、怎么干、干成什么样"对"一河一校"工作进行总体谋划,明确"一河一校"机制建设各成员单位职责;"4"即由双流区河长制办公室牵头整合水务、教育、环保和镇(街道)4部门优势资源,联合指导学校在重要时间、重要场合、重要地点开展"一河一校"具体工作;"N"即N所学校,双流立格实验学校、四川大学西航港实验小学、双流区公兴初级中学等12所中小学校已成为"一河一校"机制成员,且每年逐步扩充"一河一校"成员单位年龄段和覆盖面。2023年,双流区着力"一河一校2.0"建设,以区总河长办名义印发《成都市双流区2023年"一河一校"活动方案》,将原有的12所结对学校提升至24所,进一步扩大河长制工作朋友圈。

坚持教学相长，不断丰富课题实践。聚焦教与学如何深度融合，多措并举丰富教育教学载体，增加学生学习乐趣。一是开设素质教育课。采取课外实践、课题研究、巡回研学等形式，丰富教育内容和教学手段，累计举办巡回研学课5次，以公开课的方式指导9个镇（街道）常态化开展河长制进学校宣讲工作；按照全境流域分布，整合学校资源组建2个流域课题组，开展《关注水资源，保护母亲河——双流区白河生态系统调查研究》《白河外来入侵物种福寿螺研究》等课题研究26个。二是建设教育基地。依托公兴（中电子）再生水厂，建成双流区首个水情教育基地，利用集环保科普教育、行业实训交流等于一体的多功能复合型再生水厂，打造新时代水情教育新中心，目前已累计吸引超2000人次前来参观学习。三是深化教学相长。充分利用双流优质教研资源研发河长制特色课程，开发河长制标准素质课程和建设生态实验室，形成覆盖全龄的"1＋3＋N"（即围绕一个白河生态主题，基于小、初、高三个学段，开展涵盖N个学科的课程）河长制素质教育体系，构建生态观视域下的小初高一体化课程发展模式；依托地埋式污水厂新建2个"一河一校"水情教育基地，打造1个"党建＋河长制"科普展览馆，建成科普研学实践教育基地；联动高校、科研机构等领域专家，组建"一河一校智库"，为工作开展提供智力支撑。

坚持家校联动，深入拓展朋友圈同心圆。注重发挥学校教育启蒙阵地作用，以点带面，辐射家庭共同参与到爱水护河的队伍中来。一是深化协同联动。构建"政府＋学校＋家庭"联动机制，通过家长课堂、家长会等途径提升家长和学生主动参与水环境保护行动的意识，加快构建"政府引领学校、学生带动家长、家庭推动社会"治水管水新格局。二是联动出击治水。区河长办联合区教育局、区文明办、区水务局、团区委等单位联合开展"好家庭"评选，在保证安全的情况下倡导在节假日以家庭为单位开展水环境保护行动等联动治水，参与一次行动获得相应积分，积分可兑换小礼品，并作为"好家庭"评选的重要指标。江昶邑是小学五年级学生，2021年3月22日被聘任为"小小河长"，受到他的影响，他的妈妈方艳秋在2022年6月申请加入双流区民间河长队伍。每到周末或节假日，母子俩都会在河边走一走，开启假日巡河之旅。遇见不文明现象，他就会上前制止；遇见河道有漂浮物，他会马上通过妈妈，实时转达给河段党政河长。三是搭建联动平台。按照"一功能、三空间"布局，开设双流区"一河一校"微信公众号，引入点赞、评论等功能，打造"政府、学校、家庭"河长制工作线上联动阵地，进一步拓展了河湖长制朋友圈同心圆。

（二）取得成绩

通过一年多的探索和实践，学校扎实推进水环境保护教育，在学生心中播下水生态环保理念的种子，学生和家庭主动保护水环境的意识明显提高，更是有力促进了学校综合素质教学理念的转变。

典型效果凸显。积极探索实践"河长制＋教育"工作理念，通过对"一河一校"提档升级，依托各级各类基础教育学术交流、科创大赛等活动平台，向全社会充分展示交流"一河一校"课题阶段研究进度、成果和成效。如今，"一河一校"已成为环保生态教育融入学校教育的典型案例，在全国及省市造成重大影响，对提高双流区河湖长制群众参与度起到了积极作用。

争先氛围浓厚。"小小河长"是双流区河长制办公室创新打造的重点项目，自2018年双流区白河区级河长授予学生"小小河长"称号以来，双流区每年聘请20～50名不等的学生为"小小河长"，2020年，双流区"小小河长"被成都市河长制办公室评为成都市第一届"最美护河人"光荣称号。近年来，"小小河长"参与课题研究的论文多次在成都市青少年科技创新大赛、四川省青少年科技创新大赛、全国青少年科技创新大赛进行展示。

理念效应突出。双流区多次接待国内外专家、兄弟单位调研学习，充分展示"一河一校"先进的水生态教育理念和成绩。

2022年，双流区锦江黄龙溪等5个国控市控水质考核断面水质稳定在Ⅲ类及以上、达标率100%，其中锦江流域17个断面水质首次全部达标，双流区作为成都市唯一区（市、县）入选首批国家典型地区再生水利用配置试点城市，荣膺第六批国家生态文明建设示范区。

三、经验启示

全面推行河长制是落实绿色发展理念、推进生态文明建设的内在要求。要加快打造河湖长制3.0版本,就要凝聚各方力量,积极营造全民治水浓厚氛围,加快构建共治共建共享的良好格局。实践证明,"一河一校"是加强河湖管理保护的有效手段,是深化落实河长制工作的重要举措,也是谱写全民治水新篇章的积极实践,更是创新基层治理模式的有益探索。

(一)联动学校治水,要以"一盘棋"思维做好统筹谋划

学校作为学生成长主要场所和实施教育教学的主阵地,在学校广泛开展水情教育,有利于进一步普及水知识、弘扬水文化、传承水文明,更重要的是在孩子们心中播撒一颗爱水护河的种子,帮助学生培养正确的水生态价值观。双流区从推行"一河一校"工作机制之初,就对"一河一校"工作进行系统筹谋,在充分征询教育、水务、学校、镇(街道)等相关部门和责任单位意见的基础上,以区总河长办名义印发《成都市双流区"一河一校"活动方案》,明确工作思路、工作目标、工作任务,充分凝聚校地合力参与护河治水,以"一盘棋"思维有序推动"一河一校"工作高效开展。

(二)激发学习兴趣,要让"教与学"融合丰富教学手段

教育系统有丰富的教学经验,但缺乏专业知识,主要依赖一些传统的教育手段;水务部门有过硬的专业知识,但缺乏将专业知识转化为通俗易懂的语言传递给学生的能力。双流区通过大力推行"一河一校",坚持教学相长激发学生学习兴趣,一方面依托双流教育优势资源,开设水情素质教育课、研发河长制素质教育体系、流域课题等,不断丰富教育手段;另一方面打造水情教育基地(科普馆),不断丰富学习载体。

(三)实现全民治水,河长制"朋友圈"要不断深入拓展

河湖管理保护需要全社会共同参与,形成共治共建共享的良好氛围,真正让人民群众身边的河湖成为令人满意的幸福河湖。双流区通过"一河一校",初步构建"政府引领学校、学生带动家长、家庭推动社会"治

水管水新格局,深入拓展河长制工作朋友圈同心圆。

下一步,双流区将坚定不移把"一河一校"工作推向纵深,从加快水情教育基地建设、拓宽"一河一校"覆盖面、创新河长制教学课程开发等方面入手,进一步强化"一河一校"机制、丰富"一河一校"载体,努力蹚出一条具有双流特色的河长制工作路径,推动"美丽河湖"向"幸福河湖"汇流,助力加快建设河畅、水清、岸绿、景美、人和的健康美丽幸福河湖。

全民参与 绘就水清岸秀"大幸福"

——彭州市全民参与河湖治理经验与启示[*]

【摘　要】　本文以全民参与河湖治理为切入点，结合彭州市山、丘、坝自然格局，分别介绍了市域内山区通济镇、丘陵区葛仙山镇、坝区天彭街道广泛发动本地全体村民参与河湖治理的典型经验，案例"接地气""有温度""具成效"，对相似地理条件下的农村河湖治理与保护具有较强的示范作用和启示意义。

【关键词】　全民参与　农村河湖　基层河长制

【引　言】　彭州市深入践行习近平生态文明思想，积极推动河长制工作向基层纵深发展。充分激发人民群众智慧力量，立足市域自然禀赋，聚焦农村河湖治理盲区，在市域内多个镇（街道）、村（社区）构筑起独树一帜的全民参与河湖治理管护体系，凝聚起全社会治水合力，共同绘就水清岸秀幸福"牡丹乡"，有效推动治水工作由"政府统揽"向"全民参与"转变，使河长制工作在基层实现"有实""有效""有能"。

一、背景情况

彭州市地处成都平原与龙门山过渡地带，山、丘、坝俱全，形成了"六山一水三分坝"的自然格局。域内大小河渠60余条，水域面积近20万亩，其中流域面积$50km^2$以上河流10条，分属沱江、岷江两大水系。

近年来，彭州市牢固树立"绿水青山就是金山银山"意识，持续推进河长制工作重心"关口下移"，根据域内山、丘、坝不同自然禀赋，因地制宜激发群众参与河湖治理热情，聚力破解农村河湖治理难题，打通河湖管护"最后一公里"，以"积小流，成江海"磅礴之势，助力市域内湔江、青白江等大江大河水质升级蝶变。2023年，全市2个国考、省考断面水质全面达标，全年城市水质综合指数居成都市各区（市、县）榜

---

[*] 彭州市河长制办公室供稿。

首，切实筑牢成都北部生态屏障，擦亮了"龙门雪山下，七星耀湔江"生态品牌。

二、主要做法

（一）发挥制度"利器"，竖好"山区"全民治水"三面旗"

彭州市通济镇地处湔江上游河谷小盆地，素有"百里湔江第一坝"的美誉，辖区内峰、崖、峡俱备，水系发达，砂石资源丰富，砂石盗采过去一直为通济镇的"老大难"问题。为此，通济镇利用制度"微创新"，先后建立"河流包干""互相找茬""挡获有奖"三套制度，充分激发镇域内群众"主人翁"意识，为砂石盗采戴上"紧箍咒"。

1. 建立"河流包干"制度，竖好全民治水"责任旗"

通济镇辖 12 个行政村（社区），辖区内主要河流刚好也为 12 条，因地制宜制定《镇域河流包干制度》，将过去分行政区划、分河段管理模式改为河流"包干制"，即 1 个行政村（社区）认领包干 1 条河流，形成镇级河长、村（社区）河长"包治理"，全村村民"包监管"的工作模式，使得决策抓总、协调筹办、节点治理能快速响应，实现了河流从源头（入境面）到出境面的全过程管理，特别是村界点、出境点等过去"两不管"的薄弱地带治理效果提升显著，倾倒垃圾、污水直排等涉河违法行为逐年减少，尤其是砂石盗采从 2018 年的 30 余起减少到 2023 年的 2 起，成效较为明显。

2. 建立"互相找茬"制度，竖好全民治水"成效旗"

为强化巡河质效，建立《河长交叉巡检制度》。镇河长制办公室每月随机选择一个例会日，在每村随机选择 1 名村级河长、10 名左右（与村民小组数量一致）村民代表，通过抽签方式确定每条河流当月的巡检村（社区），随即开展交叉巡检。巡检日期和队伍的"双随机"，既保障了每名村民都能当上"裁判员"，参与成效考评，又保障了河流日常管护成效的真实性，让过去检查前突击式整改来换取考核利益最大化的行为无处遁形。截至目前，通济镇已开展交叉巡检 60 次，参与群众达 7200 人次，发现并整改问题 63 个。交叉巡检不仅提高了村级河长发现、处置问题的能力，又形成了全体村民相互监督、比学赶超的良好氛围。

3. 建立"挡获有奖"制度，竖好全民治水"激励旗"

为啃下砂石盗采这块"硬骨头"，通济镇结合实际，制定了《打击盗采砂石奖励办法》（以下简称《办法》），鼓励全体村民对盗采砂石进行"有奖举报"。《办法》明确对挡获辖区内偷挖盗采砂石机具和人员的本地群众，根据挡获机具的不同分别给予500元（拖拉机）、1000元（大型货车）、2000元（挖掘机）奖励。奖励资金的80%以货币形式支付挡获人，另外20%由镇政府以挡获人名义购买鱼苗，用于增殖放流，让挡获人享受打击盗采砂石、维护河湖健康带来的"物质"和"精神"激励双丰收。《办法》自2018年印发以来，已有50余位村民因成功挡获而受到奖励，累计放流雅鱼、鲟鱼等3万余尾。通济镇以制度引领全民参与河湖治理，形成的"问题有发现、发现有奖励、奖励有保障"良性循环机制助力区域水生态价值转换模式，已成为彭州市公众参与河长制工作的一张"靓丽名片"。

（二）动员全民"参与"，打好"丘区"全民治水"三张牌"

彭州市葛仙山镇位于龙门山脉向成都平原过渡的丘陵区，辖区内以河为名、依河而建的"花园村"以河长制为纽带，探索"一河水、全村治"治水新模式，动员全村333户、1005名村民全员参与河湖治理，形成上下游同心、左右岸共治，多河段齐管闭环治水链，助力村域内水环境质量升级蝶变。全民治河，治出了坚强基层组织，治出了美丽乡村风貌，治出了群众幸福底色。

1. 以党建引领为抓手，打好全民治水"融合牌"

以基层党建和河长制工作深度融合，探索建立"1+3+N"治河体系。"1"即1个党总支，发挥基层党组织"领头雁"核心作用，牵头设立村级河长制工作站，明确细化巡河护河职责；"3"即3位老党员，担任全村"河长管家"，牵头成立村民清河服务队，带领全村村民分组开展清河护岸行动；"N"即全村村民以及驻村大学生、民宿业主、创业青年等，他们既是护河治河的实践者，又是美丽河湖的受益者。自2020年该治河体系建立后，花园村水环境治理费用从2020年的27万元降低到2023年的7万多元，全民参与治河的共管共治共享新格局成效初显。

2. 以清河行动为实践，打好全民治水"互动牌"

因地制宜创新奖励机制，多措并举深化村民互动，牢牢牵住"群众积极性"这个全民参与治河护河的"牛鼻子"。一是设立"全民护河日"。每月18日在3位老党员的带领下，分组对村域内花园河、响水河、山叉河开展清河护岸行动，地毯式打捞水体漂浮物及岸线垃圾，确保河畅水清。二是资金筹集有保障。将水环境治理与小区物业管理有机结合，村委会每月从每户物业费中额外收取2元，成立"全民护河基金"，专项用于保洁工具购买、漂浮物转运、污水管网维修等水环境治理，村民们既当出资"股东"又当治理"雇员"，仅仅2元钱，系满了花园村群众浓浓护水情。三是成果比拼促提升。以每月28日"河长生日会"为契机，对当月清河行动成果进行公开评比、展示。设立"光荣榜"，评选出优秀河长管家、优秀护河志愿者进行表彰，年终又在其中评选出"五好家庭"，充分调动了全体村民长期参与的积极性。在长效机制作用下，追求水环境改善引领村庄美丽嬗变已成为每个花园村村民的自觉行动。

3. 以榜样力量为驱动，打好全民治水"亲情牌"

注重发挥先进典型个人影响力，以点带面，以一带十，激励带动更多群众加入护河治河队伍。钟长柄是花园村低保户，年逾70，妻子罹患精神残疾，为回馈国家扶持，主动申请加入义务护河志愿队。除每月按时参加固定"护河日"活动外，每天还带领妻子对花园河旁绿道进行清扫，并将收集的"战利品"拉运至垃圾中转站，女儿利用周末时间，也投身到护河行动中。过去部分还持观望态度的群众，在钟长柄全家总动员参与护河行动的感召下，纷纷加入护河志愿队，"大家的河大家治"的责任共识逐步凝聚，户户皆参与、人人皆"河长"的水环境治理体系在榜样力量驱动下逐步壮大，实现了全体村民从"冷眼观"到"拍手赞"、"袖手看"到"动手干"的转变，共同助力花园河黑臭水体于2021年彻底根除。

（三）织密监督"网格"，奏好"坝区"全民治水"三部曲"

彭州市天彭街道为市政府驻地，位于成都平原北端、我国三大灌区之一的都江堰灌区腹地，辖区内龙檀社区渠系四通八达、阡陌纵横，新润河、佐家堰、蒙白支渠等多条支渠均流经该社区，最终汇入德阳市饮用水水源准保护区——人民渠。龙檀社区为提升渠网环境，积极构建了全体村民参与的"社区监督"＋"网格监督"＋"临居监督"三网格工作模式，打通了末端渠系管护的"最后一公里"，有效保障了人民渠"一江清水向东流"。

1."社区监督"领航，奏好全民治水"进行曲"

由社区村级河长带头，会同居民小组长和每季度轮换一次的村民代表共计近90人，成立社区"护河监督队"，分14组不定期对辖区内渠道进行日常巡查，发现漂浮物、生活生产垃圾等一般问题，立即联系环卫一体化三方服务公司进行清理打捞。2023年全年，龙檀社区共计清理、打捞、转运渠道垃圾80余吨，居全市202个村（社区）第一，约占全市总量的2%。对发现的污水溢流、渠道设障等较重问题，汇总至村级河长，通过其账号上传至"成都e河长"App，由上级河长统筹治理，不断巩固和提升水环境综合整治成果长效保持。

2."网格监督"巡航，奏好全民治水"协奏曲"

组织社区网格员、护河员、民间河长、志愿村民等组成"百人护河游击队"，充分发挥其"移动的监视器"作用，利用其日常巡河、调查走访、安全巡查、活动宣传的高效性、便捷性，对社区群众进行有效监督。若发现有乱堆乱倒等不文明行为的群众，及时进行劝导，对于多次劝阻无效的群众，在村民小组群、小区业主群内曝光其不文明行为，以"面子"倒逼群众规范自身行为。2023年，成功劝导处置26起乱堆乱倒行为，对3名群众进行了内部曝光，起到了较好教育示范作用，营造出"全民共护一渠清水"良好氛围。

3."临居监督"护航，奏好全民治水"合奏曲"

龙檀社区共有住户1399户，其中近九成住宅修建在渠道边上。社区引导这些居民、商贩、企业业主、种植户等自动认领门前渠段，并赋予他们一个新身份——临居河长。临居河长临渠而居，有巡查、管护渠道的"地利"优势，常态化开展门前段渠道保洁，可实现渠道垃圾"日产日清"；临居河长互为邻居、互相监督，携手推动渠道水环境持续向好，2023年全年，在近4000名临居河长的共同监督、治理下，该社区未收到过一起关于河渠保洁的问题反馈。此外，社区自2023年起还每季度组织临居河长们开展"护河一日捐"活动,全年筹集钉耙、扫把等保洁工具60余把,护河资金7000余元,聚点成线汇面奏响了社区全体群众共同"关心渠道、爱惜渠道、保护渠道"的华美乐章。

三、经验启示

(一)全民参与河湖治理,要充分立足本地实际

基层河长制工作不是短期"绣花",而是长期"亮剑",要实现全体村民参与河湖治理,必须立足本地实际,深刻挖掘本地自然禀赋、生态本底与河长制工作的外在联系,注重水面与岸上同步发力,治标与治本同频共振,因地制宜探索发动本地群众长期参与的"秘诀",找到切合本地治理方向的"思路",才能实现农村河湖"长治久清"。

(二)全民参与河湖治理,要聚力用好村社组织

加强农村河湖管护,是落实河长制及改善农村人居环境、建设水美乡村的重要举措,要带动广大农村群众持续关注、支持、参与河湖治理,必须聚力用好村(社区)委员会这个组织群众、联系群众、直面群众的平台。通过政策倾斜、资金扶持、纾难解困、强化宣传等方法,充分调动村(社区)委员会工作主动性,才能凝聚起整个村(社区)所有群众的责任共识和行动自觉。

(三)全民参与河湖治理,要制定特色激励措施

农村河湖水环境治理带来的成效,最大的受益者就是广大群众,引导公众参与河湖治理的最大难点在于如何调动和激发群众的积极性。所以,要营造"全民治水"氛围,不仅要广泛宣传治河护水理念,在精神层面"做文章",还要结合本地民俗民风,制定有个性化、可操作、接地气的激励措施,在物质层面"下功夫",让群众"硬碰硬"参与治理,"实打实"获得奖励,促使每一位群众在参与河湖"小治理"的生动实践中找到获得感、成就感、幸福感,共同绘就属于自己的水清岸绿"大幸福"。

从"治好水"到"管好水"的赶考之路

——高新区新川片区"物业城市一体化"河道管护*

【摘　要】 2020年3月，成都高新区中和街道新川片区作为"物业城市一体化"试点项目，整合并陆续导入城市管理涉及的河道、环卫、绿化、市政、综合辅助巡查等业务，引入企业先进的管理模式和全流程采购业务闭环的供应链体系，通过智慧化、专业化、一体化的运营，整合资源、集约人员。充分运用互联网、大数据等新技术手段，对河道管护情况实现全面实时跟踪监督和精细化管理，创新构建技术赋能、多方协作的河道管护监管体系。通过近一年的运行，成都高新区河道管护质量显著提升。

【关键词】 物业城市一体化　资源整合　精细化管护

【引　言】 为全面贯彻"绿水青山就是金山银山"的发展理念和党中央新时期治水方略，成都高新区按照"政府主导、市场运作"模式，坚持"截、清、治、修、管、养"并重，主动联系发动河道沿线属地河长、小区物管、业委会、居民主动参与河道管理保护，形成一套"管理制度化、保洁标准化、覆盖全域化、督查常态化、责任精细化、保障一体化"的长效管理体系，推动河湖日常管护由"市场专业化"向"物业精细化"提升，全力构建"责任明确、协调有序、监管严格、保障有力"的治水新模式。

一、背景情况

"十四五"规划指出："坚持党建引领、重心下移、科技赋能，不断提升城市治理科学化精细化智能化水平，推进市域社会治理现代化。运用数字技术推动城市管理手段、管理模式、管理理念创新，加强物业服

---

*　成都市高新区河长制办公室供稿。

务监管，提高物业服务覆盖率、服务质量和标准化水平。"

成都高新区经济发达、人口稠密、位置重要，流域管理与百姓生活息息相关，随着成都高新区"提质"工作的推进，河道功能也由基础功能逐步变为城市景观的一部分，与河道相关的空间构成除了河道空间本身外，还包括河道与陆地相接的堤岸空间以及滨河空间，成为自然生态系统与人工建设系统交融的城市公共空间。2019年12月20日，成都高新区与万科物业签署战略合作协议，高新区管委会引入万科物业"城市空间整合服务"模式，探索成都"城市资源一体化运营"治理模式。

二、主要做法及成效

（一）居安思危、改革创新，彰显"管好水"赶考精髓

近年来，高新区通过深入开展污水基础设施建设、分类实施雨污分流整治、全面消除工业农村面源污染、全面消除黑臭水体等举措大力改善了辖区水环境面貌，同时为加快建设美丽宜居公园城市，高新区投资数亿元，梯次推进全域水系链建设，完成了清水河、栏杆堰、肖家河、聚宝沱、白杨沟、洗瓦堰等河道"宜居水岸"建设，建成大源水系绿地链、锦城湖、江滩公园、桂溪生态公园、大源中央公园、肖家河中水湿地、新川之心湿地等一批河道水环境项目，辖区内主要河道水质也基本达到Ⅳ类。

但随着经济社会的不断发展，治水主要矛盾也发生了深刻变化，已经从人民群众对水旱灾害防御能力与水利工程能力不足的矛盾，转变为人民群众对水环境水生态水资源的需求与行业监管不足的矛盾。为此，成都高新区居安思危，思则有备，改革创新，决定从严护水、制度管水，以贯彻落实习近平总书记"让城市管理像绣花一样精细"的要求为目标，对标珠海、深圳等先发城市，在全市率先引入"物业城市一体化"模式，以中和新川片区为试点，整合城市管理涉及的水务、环卫、绿化、市政和辅助巡查5大板块13项业务，引入第三方专业公司实现城市整合运营。

（二）以人为本、实干立行，秉持"管好水"赶考本质

"管好水"这场考试，没有完成时，只有进行时，而考试时间长短关键在于"主考官"人民群众是否满意。成都高新区以解决人民群众急难

呵护碧水清流　建设幸福河湖

愁盼的关键问题为重点，以提升人民群众获得感、幸福感为目标，以"物业城市一体化"模式为转型契机，实干立行，采取"行政力量＋智慧平台＋专业服务"相融合的方式，大幅提升"管水"水平。

一是创新做好"顶层设计"。结合高新区政策和规划建设需要，针对性制定出台《成都高新新川"一体化"城市综合管理方案》和《"物业城市一体化"城市综合管理项目管理办法》，导入企业先进的标准作业流程（SOP）管理标准，制定《成都高新区水域及岸线保洁分级分类管理规范》《成都高新区河道零星清淤分级分类管理规范》《成都高新区河道栏杆分级分类管理规范》，再造河道管护业务、监管流程。

二是整合力量"攥指成拳"。搭建智慧城市智能运行中心（IOC），通过全域布设监控，安装雷达水位计，研制微型自动水质监测站，设置智能电子工牌，利用无人机、无人船、自带记录仪的城市大管家"云城队长"实时巡查记录，实现河道水环境精准管控。IOC 中心将上述智能工具发现的问题进行智能识别并分类派发工单，同时将三维 GIS 地图、人、车、事（问题、预警）在一个大屏上通过一张图进行可视化展示和调度。作业人员按照"12341"原则接单处理并关单，即 10 分钟内响应；20 分钟内到达现场处理；超过 20 分钟无法处理的问题，管理人员 30 分钟内到场处理；仍无法处理的 4 个小时内总经理协调资源并解决问题；重大事项逐级上报，1 个工作日内出具解决方案直至事件关闭。河道管家、"云城队长"在现场实际验证工单，如问题处理合格则工单通过，不合格将工单驳回重新处理，直至问题完全处理完成，事件销号关闭。通过 IOC 中心和"12341"事件快速处置机制改变传统"人管人"模式，全面提升及时发现问题、解决问题的能力，做到早发现、早制止、早报告、早处置。截至目前，IOC 中心派发问题工单共计 4377 单，完成 4377 单，问题工单及时响应率、完成率均为 100%，河道两岸游客日益增加，河道生态环境逐步稳定。

三是共建共享"公园城市"。按照"横向到边、纵向到底"的目标管理体系，加强与环卫、绿化、市政和城管的沟通协调，解决城市管理"死角"，避免推诿扯皮现象，营造一体化良好氛围。每月定期召开河道管护专项调度会，由基层河长、社区、派出所、交警、物业、河道管家、河道基层管护人员对日常巡查发现的污水直排、妨碍行洪、侵占河道岸线等"老大难"问题进行剖析，研讨具有针对性、可实施性的解决方案，如污染物偷排漏排、违规捕捞垂钓、河道违规施工、非法占用河堤和绿地等。自"物业一体化"开展河道管护以来，成都高新区坚持以社区为着力点，坚持24小时动态防控辖区79处在建工地违规取排水；巡查整治393家餐饮商家违规倾倒餐饮油污；监控巡查37座住宅小区和16个公共机构排水行为；完成约65952m^2的河堤冲洗；完成两次枯水期大型清淤工作，累计清淤约32620m^2；更换警示标志牌1254块、新增救生圈158个、拉设下河梯步铁链4473m；更换河长公示牌63处；制止违法捕捞、文明劝导垂钓事件共计8323起；收缴地笼、捕鱼网等共计58张，实现末端精细管理落地落实，构建了共建共享的新局面，提升了中心城区形象。

（三）恪尽职守、忠诚履职，筑牢"管好水"赶考根基

以河长制工作存在的突出问题整改为重点，通过印发《成都高新区河长述职评议制度》《成都高新区河长制红黄牌警示红黑榜通报制度》《河长制差异化在线考评办法（试行）》等一系列文件，完善各级河长责任体系和任务落实制度。同时创新开展成都高新区河道水环境质量达标监测工作，以"共享、共治、共护、共赢"的理念，积极推进"4＋2＋1"街道改革试点，将辖区河道水质与流经街道河长绩效挂钩，实现共管方互相监督、共同提高，产生"1＋1＞2"的管理效果，努力让全区水环境质量再上一个新台阶。

三、经验启示

（一）城市一体化运营，探索城市管理新手段

"十四五"规划指出："顺应城市发展新理念新趋势，开展城市现代化试点示范，建设宜居、创新、智慧、绿色、人文、韧性城市。提升城市智慧化水平，推行城市楼宇、公共空间、地下管网等'一张图'数字化管理和城市运行一网统管。"成都高新区中和新川片区作为"物业城市一体化"试点项目，创新引入"1＋N＋5"的智能管理模式，通过一个城市智慧运营中心，整合并导入城市管理涉及的河道、环卫、绿化、市政、综合辅助巡查等业务，引入企业先进的管理模式和全流程采购业务闭环

的供应链体系,将河道水情监测站、河道排口、雨污水管网、排水户以及在建工地等在大屏上通过一张图可视化进行展示,通过智慧化、专业化、一体化的运营,整合资源、集约人员,使现场业务管理的各个单元精确、高效、协同运行,提质增效,形成一整套可复制的"物业城市一体化"管理新手段。

(二)物业精细化管护,不断提升河湖治理成效

物业精细化管理是成都高新区城市管理的发展方向和目标,精细化程度反映的是一个城市的文明进步程度。改变粗放式、派活制管理方法,实现河道精细化管理,须在细化管理内容、量化管理对象、规范管理行为、优化管理体系、创新管理方式上下功夫。高新区按照分类管理、量化考核的要求,先后制定《水域及岸线保洁精细化管护标准》《河道栏杆精细化管护标准》《河道零星清淤管护标准》,对参与河道管护的市场主体和职能部门加强监管,做到目标定量化、责任明细化、标准精准化、措施具体化。按照"坚持标准、集中力量、分步实施、整体推进"的思路,树立成都高新区河道管护标杆,打造新发展理念的公园城市示范区。

(三)河长+网格双网覆盖,守护河道靓丽风景线

划分"网格",实现小区域、模块化、精细化管理。搭建片区网格化管理平台,实现城市管理、公共服务多网联合,形成资源共享、发现问题、指挥协调、监督评价和应急联动五位一体的管理格局,并将管理责任详列分工,明确了各网格范围、相应河段基层河长、社区巡河员,以网格服务管理、群防群治的方式把护河力量串联起来,实现辖区河道精细化管护工作"全方位覆盖、无缝隙对接、一体化管理",营造"河畅、水清、岸绿、景美"的水生态环境。

三、智慧赋能 河湖管护提质增效

数字孪生　智慧赋能　共护河湖

——成都市智慧水务建设探索与实践[*]

【摘　要】 全面推行河长制、保护江河湖泊，是推动成渝地区双城经济圈建设的重要保障，事关人民群众福祉。保护治理工作是一个庞大复杂的系统工程，"如何依托现代信息技术变革治理理念和治理手段赋能河长制管理"成为实现社会主义现代化道路上的必答题。为深入贯彻习近平总书记"节水优先、空间均衡、系统治理、两手发力"治水思路，全面巩固扩展智慧水务发展成果，以智慧化驱动河长制高效管理，成都市整合多方资源，着手推进水务智慧化建设，不断探索优化，并逐步探索出了一条数字孪生驱动河长制管理工作新模式，全面实现了"智慧"管水、"智慧"护水。

【关键词】 成都　河长制　数字孪生　智慧化

【引　言】 成都市深入践行习近平总书记"节水优先、空间均衡、系统治理、两手发力"治水思路，以建设践行新发展理念的公园城市示范区为统领，以构建水务高质量发展战略格局为抓手，以"全域感知、动态监测、精准调控、协同管理和高效应用"为导向规划布局智慧水务体系，以"谋顶层架构、建标准规范、强统筹推进、布神经感知、筑数据支撑、强应用赋能"为抓手，构建以数字孪生为底座的智慧水务平台，赋能河长制精细化管理，协力提升超大城市敏捷治理、科学治理水平。

一、背景情况

成都位于长江上游，属长江流域岷沱江水系。岷江及沱江干流穿越市境，都江堰灌区渠系与自然水系纵横交错形成了成都平原水网。2017年2月，成都市委市政府深入贯彻落实习近平生态文明思想，积极践行"绿水青山就是金山银山"理念，全面推行河长制，建立市、县、乡、村

---

[*] 成都市河湖保护和智慧水务中心供稿。

4级河长体系，并设立"河道警长"，全市河流、水库、渠道、山溪沟全部纳入河长制管理范围。

但在工作过程中，逐渐暴露出一些问题：一是监测感知站网覆盖不全面、监测感知手段不智能。各类水务信息获取主要依靠自下而上的逐级人工填报和审核来完成，不能利用信息手段和信息管理系统精准、及时发现问题，没有实现动态管理。二是数据资源支撑不够，地理空间数据不完善。存在纵向上区（市、县）汇集困难，横向上数据对接不通畅等问题，造成数据资源分散、更新机制缺失、开发利用率低等问题。三是业务系统建设不全面、应用智能化不达标。目前一些河长制管理业务方面还未建设应用系统，标准规范不统一，缺少智慧化管理手段。因此，如何进一步提高河长制管理工作效率，促进人工管理向智慧化管理转化成为亟待解决的问题。

二、主要做法

2019年，成都市优化制定了智慧水务顶层设计方案，确定了"全域感知、动态监测、精准调控、协同管理和高效应用"建设目标，明确了"水资源、水安全、水生态、水净化、水管理、水文化"六大模块建设内容。2020年，智慧水务正式启动建设，按照"三统三分"的建设模式，即"统一规划、统一标准、统筹项目、分工负责、分块实施、分步推进"，统筹锦江水生态治理智慧管理项目、九道堰流域信息化建设项目和基层防汛预警等涉水信息化项目，全面启动智慧水务建设。2022年，制定《成都市"十四五"智慧水务发展规划》，推进以数字孪生为驱动的智慧水务体系建设，赋能河长制智慧化管理。

（一）强化智能互联，建设空天地一体水务感知网络

建设统一物联感知平台，通过"共享＋自建"的方式，完善外场感知点位。目前已接入生态环境、公安、水文等部门和水务自建的外场感知监测站，包括：水质监测站276个、视频站18万余个、水位流量站301个、水库水位站281个、雨量站1445个、下穿隧道189个、管道监测2698个、无人机2台、单兵执法记录仪50台、无人船1艘，基本实现多目标、多要素的实时在线感知监测。

（二）夯实数据底板，打造融合共享的数字孪生基座

建成融合共享的水务智慧大脑，全面打造全域智慧流域总框架、总平台、总中枢、总核心。

（1）建设成都水系一张图，采用人工与程序、内业分析与外业踏勘相结合的方式，形成一套空间覆盖全面、属性填写完整的基础数据，录入全量河流（525条）、斗渠以上渠道（2726条）、山溪沟（445条）、全量水库（235座，含省管紫坪铺水库、张家岩水库和磨儿潭水库3座）、重点塘坝（44座）、过河桥梁（3428座）、人工湖（43座）、水电站（302座）、水闸（1937座）。

（2）完成数据汇聚与共享，坚持以业务需求为导向，以"无条件归集、有条件共享"为原则，全面推进水务数据资源集约共享开放，汇聚全量动态监测、业务管控、视频监控等海量数据。共汇集水务数据4780GB，数据库存储总量6.87亿条，形成206条资源目录，向外部单位及各区（市、县）和局内各处室，提供共享接口累计调用1.1亿次。

（3）构建数字孪生模型平台。搭建三维可视化模型、水利专业模型、智能识别模型三类模型引擎，建设沱江水文预警、中心城区网格化降雨预报、中心城区内涝预测等专业模型，建设L2级河道和L3级水利工程设施的三维模型底座，建设视频分析智能识别模型，为各类应用提供三维可视化、预测预报分析等共性支撑。

（4）构建水务专业知识平台。利用知识图谱和自然语言处理等技术，实现对水务关系、规律等知识的抽取、管理，构建预案、物联感知、标准知识库，为水务知识查询和关联关系分析提供辅助支撑。

（三）聚焦业务核心，构建协同创新的智慧应用体系

分期建成AI智能巡河、防汛减灾、水资源智能调度等业务应用，为河长制管理的业务工作提供智慧支撑。

（1）通过水质监测站、沿河视频、排口视频等前端感知终端和无人机远程巡检，智能发现各类涉水问题，让河长的主要工作重心由发现问题向处置问题转换。如河道防溺水事件，在部分河道边安装带有AI识别算法的智能摄像头，自动识别下河游泳等涉水不安全行为，自动生成"防溺水"事件推送至属地区（市、县）事件中枢和城运水务分中心，实现了从智能发现到问题处置全过程闭环管理。

（2）建设成都市防汛指挥系统。应用物联感知一张网实现成都市全域雨情、水情和汛情的实时动态监测；将关键指标与时间、空间态势相结合，打造业务时空一张图；应用防汛相关预报数学模型实现江河洪水和城市内涝的预测预报；对应急人员和车辆搭载北斗终端定位设备，实现"120式"的灾情点位、救援物资、人员和车辆智能匹配，实现高效指挥调度。

（3）建设锦江流域水资源智能调度系统。利用水利模型和闸坝远程控制，可实现河道生态水量、景观蓄水、通航水位的精准研判和智能调度；平台通过模型计算，自动化生成水量配置方案，指令下发闸站值班人员，实施闸门启闭，可实现锦江上6个闸坝群智慧调水，大大提升了流域水质水量的精细化、智慧化管理水平。

（4）建设供水监管系统。实现了从水源取水、水厂制水、管网输水到居民用水的全过程智慧管理。如上游水源地发生污染，系统会自动启用备用水源保供；系统依托大数据、云计算等搭建的数理模型，可根据一定时间段供水量变化趋势，实现供需两级峰值预警，确保城市供水安全。

（四）突出区域协同，推动成都都市圈河长制协同治理

建成"四个统一"的成德眉资河长制E平台，推动成都都市圈河湖治理管护高质量发展、共筑长江上游生态屏障。通过健全"一套制度"、构建"一张底图"、建立"一个平台"、形成"一套标准"，提升了"四地同城"河湖现代化治理管护能力，为全国都市圈河湖共管共护提供了先试先行的范本。截至2023年5月底，成德眉资河长制E平台注册河长共计12856名，汇聚4市河长制巡河业务数据9278.1万条，发现河湖水环境问题103066个，协调处置问题101549个。

（五）建立标准规范，构建统筹共建的建设实施体系

制定《成都市水务局网络信息安全管理办法》《成都市水务局数据资源管理办法》《成都市水务局信息化项目建设管理办法》，规范和促进政务数据资源管理、共享和应用，规范信息化项目的建设和管理。制定《成都市水系数据建库标准》《成都市智慧水务数据资源目录分类编码标准》《成都市智慧水务数据采集与交换系统采集技术标准》《成都市智慧水务评价指标体系标准》，明确相关技术标准和规范，保证各项技术在实施过程中的统筹作用。

三、主要成效

智慧水务建设以物联感知、智慧大脑、智能应用、区域协同、标准规范为重点，有效提升了水务管理"视""汇""算""预""控"的能力。

（1）物联感知基本实现重点区域全覆盖。通过运用视频监控、感知终端、无人机等多种方式，在河道管理、水源地监测、水质监测、水位监测、智能水表等多个业务领域，开展了基于物联感知的数据采集与分析应用。

（2）数据资源开发不断深化。开展全市水务数据治理攻坚行动，完成水务数据资源目录编制、数据接入、梳理、汇聚、治理与交换共享。

（3）智慧治理水平不断提升。利旧与新建相结合，分批建成多个智慧应用场景并投入使用，基本完成全业务链条的数字化转型，提升了河长制工作的智慧化管理水平。

四、经验启示

总结本项目历年进程，对全面推行河长制智慧化建设工作，主要有以下几点经验启示。

（一）夯实算据是基础

锚定数字化场景目标，构建天、空、地一体化水务感知网，通过优化提档水文、水资源、河床演变、水务工程等地面监测，完善地下水监测站网，加强卫星、无人机、无人船等载体遥感监测，提升应急监测能力，推进物理流域监测系统的科学建设和高频乃至在线运行，为数字孪生流域提供精准物理参数和现实约束条件，保持数字孪生流域与物理流域的精准性、同步性、及时性。

（二）算法模型是关键

锚定智慧化模拟目标，深入研究流域自然规律，充分利用大数据、人工智能等新一代信息技术，融合流域多源信息，升级改造流域产汇流、水资源调配、工程调度、内涝预报等模型，研发新一代高保真水务专业模型，统筹运用好基于机理揭示和规律把握的数学模型，以及基于数理统计和数据挖掘技术的数学模型，确保数字孪生流域模拟过程和流域物理过程实现高保真。

（三）算力水平是支撑

扩展计算资源，按照"集约高效、共享开放、按需服务"的原则，依托成都超算中心、智算中心算力，提升物理分布、逻辑集中、协同工作的高性能算力，满足数据处理、模型计算的需要。要升级通信网络，实现水务系统网络无盲区无死角互联，满足各类信息及时高效传输，并充分利用北斗、5G等新一代网络技术，保障监测站网在极端恶劣环境下的安全可靠传输。

（四）"四预"能力是目标

在数字孪生流域中强化预报、预警、预演、预案能力，实现风险提前发现、预警提前发布、方案提前制定、措施提前实施，确保水务决策精准安全有效。提高超前预报精度。通过"四预"环环相扣、层层递进，提升流域治理管理的数字化、网络化、智能化水平，在预演结果基础上进行分析评估，滚动调整水工程运行、应急调度、人员防灾避险等应对措施，迭代优化运行调度方案，有效提高预案的科学性和可操作性。

数字赋能智慧河湖建设

——青羊区创建基层河长制数智社区[*]

【摘　要】　党的二十大聚焦建设网络强国、数字中国并作出系列重要部署，明确提出"加快转变超大特大城市发展方式""打造宜居、韧性、智慧城市"。《国家"十四五"新型基础设施建设规划》明确提出要推动大江大河数字孪生、智慧化模拟和智能业务应用建设。科学治水需要更重视因地制宜，更重视制度治理，更重视调结构、提质量，更重视精细管理。智慧水务是智慧城市的重要组成部分，也是智慧河湖建设的基础。当前，青羊区围绕王字形架构、聚焦"一网通办、一网统管、一网通享、一键回应"，积极探索青羊区智慧河湖建设路径，形成"一网全面感知，一图纵览全局、一平台协同四水、一门户统一服务"的智慧水务监管格局。青羊区智慧水务平台的应用实现了填报数据与实时数据的综合采集与高度融合，形成不同板块的业务互联、数据互通、运维共管、成果共享的创新局面，为河湖监管插上信息化的翅膀，也提供了可复制、参考及推广的智慧河湖建设新思路。

【关键词】　河长制　智慧河湖　社区治理　数字孪生

【引　言】　近年来，在生态文明体制改革背景下，河长制进行了一系列机制性创新，在立法、规划、跨区域统筹、跨部门协调等方面得以进一步强化。2022年，在全市推进数字化改革的背景下，青羊区认真贯彻落实新要求，积极探索构建"河长制＋互联网"管理新模式，不断提高河湖管理精准化、精细化、数字化程度，全力推进河长制工作迭代升级，助力智慧河湖建设，确保河长制"有名有实、有能有效"。本文主要聚焦智慧水务应用系统建设和智慧河长微场景打造两个方面介绍青羊区在数字赋能智慧河湖建设上做出的新实践。

一、背景情况

成都市青羊区幅员66km²，辖12个街道，常住人口95.59万人，属

---

[*]　成都市青羊区河长制办公室供稿。

于锦江流域，拥有清水河、江安河、磨底河、府河、南河等5条主河道和饮马河、西郊河等36条支流沟渠，全长约120km，年过境水量约30.6亿 m^3，水面率为2.9%。

全面推行河长制工作以来，青羊区水环境治理工作虽然取得了积极成效，但仍存在一些薄弱环节和突出问题。一是地下排水管网老化严重导致污水下河、城市内涝。青羊区地处成都市中心城区，排水管网设计早、使用年限比较长，管网老化较为严重，大部分管道处于带压运行状态，各种排水管网病害时有出现。同时，青羊区地下管网雨污分流仍未彻底完成，区域内雨污分流工作覆盖区域广，总量大，混接情况错综复杂，导致各项水污染水环境问题频发。此外，虽然青羊区排水管网系统基本实现建成区全覆盖，但城市排水存在建设与管理脱节问题，排水管网的运行管理水平较低，2021年以前，地下管网主要还是依靠竣工图的管理模式。伴随着城市居住人口的快速增长，排水户的类型与整体规模持续扩大，排水管网管理难度也越来越大，由于排水管网承担着城市重要排涝功能，管网的不完善也是造成内涝的重要原因。二是基层认识还不到位。基层工作人员任务重、压力大，个别河长存在惰性、缺乏定力，存在巡河形式化、巡河不积极，发现问题不及时，问题整改滞后等具体表现，河长制工作流于形式和疲于应付，没有解决实际问题。三是河长制智慧化管理水平不足。部分基层河长负责河段较长，沿岸排口众多，且城市河段生活污水排放具有偶发性、场景性特点，基层河长为各级党政负责人，除了河长工作外还承担了大量其他事务性工作，不能24小时在河边进行监控，常规化巡河在问题发现方面难免有所遗漏。

2019年起，依托成都市统一建设的e河长巡河平台，"互联网＋"的智慧河长制综合管理平台、信息化管理系统技术逐步开始被使用，但是还停留在初级阶段，智慧治水并未普及。河道踏查、河流水质监测、河道问题处理等，如果都单纯依靠人工完成，效率和效果势必大打折扣，先进设备的引入可以有效解决部分人力巡河留下的工作"死角"，水环境乱象可以得到及时发现和整改，提高河长管理和决策效率。

二、主要做法及成效

2022年，青羊区紧紧围绕王字形架构、聚焦"一网通办、一网统管、一网通享、一键回应"，积极探索青羊区智慧河湖建设路径，形成"一网全面感知，一图纵览全局、一平台协同四水、一门户统一服务"的智慧水务监管格局。

（一）科技助力河长巡河，入河排口实现智慧化管理

"只要有互联网的地方，我就能通过监控系统看到排口的情况""一旦发现污水排放，手机客户端就会报警，我们第一时间组织开展排查，实现即时溯源"，金沙街道河长如此说道。

2022年4月，青羊区金沙街道入河排放口AI视频联网报警监控系统正式上线运行。该系统主要在前端匹配告警推送功能，后端构建管理监管平台，集成入河排放口全天候可视、异常信息实时预警、实时数据记录存储、数据收集和分类、集中监测、数据共享、支持手机客户端远程访问等功能，通过河水的黑、红、黄、青等颜色来判断河水污染的风险程度，通过排放口的位置锁定污染来源以便精准治理，推动排口实时溯源截污。视频联网报警监控系统的运行，不仅让责任河长们实现"云巡河"，还能令河长缩短问题"发现—处置"时间，将河边行走发现问题的时间节省下来，用于深入院落、街巷排查，深入污水治理"最后一公里"，进一步提升污水治理成效。

（二）建设智慧水务系统，提升科学管水决策能力

青羊区智慧水务应用系统分为7大模块，分别是统一应用整合平台、数据资源共享平台、智慧水务展示平台、水务视频整合平台、智能物联感知系统、智慧防汛系统、智慧排水系统。

（1）统一应用整合平台。整合青羊区所有水务业务信息化管理系统，统筹搭建青羊区智慧水务数据整合平台，实现统一门户管理、统一用户管理、统一身份认证，提升水务工作整体效能。

（2）数据资源共享平台。依托青羊区政务信息资源服务平台提供的数据服务，实现水务数据的汇聚、治理、交换、共享。

（3）智慧水务展示平台（一体化智慧水务决策指挥可视化系统）。参

考六水数据展示系统,依托 GIS 地理信息系统,结合青羊区内涉水相关监测数据和业务数据的总体情况,利用各类可视化图标直观展示青羊区智慧防汛情况。

(4) 水务视频整合平台。利用青羊区视频融合赋能平台的视频监控资源,接入智慧水务展示系统,实现全区水务视频资源与系统平台的整合。

(5) 智能物联感知系统。依托智慧蓉城青羊区运行中心已建立的"青羊区物联感知服务平台",通用感知源统建共用与特殊感知源自建共享相结合,后期梳理出水务相关的物联感知设备台账。目前青羊区已新建金沙街道入河排放口智慧化监控 20 套、六要素区域气象观测站 7 套和六要素智能微气象站 7 套,并已接入本地水质自动监测站点及公安天网视频监控系统。

(6) 智慧防汛系统。在展示平台防汛模块接入雷达卫星数据成像、精细化街道天气实况、精准定位天气实况、实况色斑图、精细化街道预报、降水落区预报、中长期天气趋势预测、高影响天气短临预报、重大活动专题保障、环境气象服务、道路交通气象服务、重点场所气象服务、智能预警灾害性天气实况统计等数据,并完成预警提示和自动推送。

(7) 智慧排水系统。以青羊区市政管网普查和排水户内部排水管网普查成果为基础,基于地理信息系统、物联网、大数据、云计算等技术,通过全面整合已有的市政管网普查和排水户管网数据、已有的水雨情等各类监测数据、已有的城市基础测绘数据及运维数据等,构建绕城内智慧排水系统,实现青羊区市政管网普查和排水户内部排水管网普查成果数据三维管线建模和排水管网数据检查、数据管理、数据共享、数据应用和运维服务等业务应用。

(三) 创建基层河长制数智社区,打造智慧河长微场景

为进一步挖深、拓宽、厚植河长制,激活河长制体系的"末梢神经",助推青羊区水质持续提升,盘活生态自然修复功能,积极诠释公园城市示范区的建设理念,青羊区以数字化改革为抓手,利用5G、物联网、大数据等信息化手段,通过建设水系沙盘,展示青羊区的河流水系、水文化概况,通过推进数字化技术在河长制中的运用,为环境治理提供数智化转型方案,推动智慧水务基层应用场景落地,打造基层河湖治理青羊模式。

青羊区基层河长制数智社区创建是城市社区河长制的创新,它将智慧城市管理和河长制有机结合,通过基层分平台,精准呈现智慧河长微场景,以便于点对点的扁平化指挥调度,从而实现区域河长制的精细化管理与决策。

三、经验启示

对于"互联网+"如何赋能水环境治理,青羊区着眼于基层治理做出了积极实践,"互联网+"技术的运用为基层河长、水务工作者提供便捷、减轻负担,进一步实现河湖智慧管护。

(一)科技赋能河长巡河,智力护航城市河湖治理

水污染管理中需要识别的场景大多数是小概率事件,河长们通过主观感受有时难以准确判断排口情况,入河排放口 AI 视频联网报警监控系统通过高清监控摄像头,对排口进行 7×24 小时全天候监控,利用大数据手段,以污水图片、视频作为分析基础,通过 AI 人工智能算法自动识别水污染的风险程度并进行分级报警,提高河长巡河工作效能;河长通过"云巡河",优化污水报处流程,科学调配工作时间及精力,同时结合全区排水系统 BIM,针对性开展污水溯源、治理,促进河长巡河便捷化、智能化,助力水污染治理"最后一公里",是科学治水的重要体现。

(二)构建智慧排水系统,开启城市排水管理新模式

"BIM"是建筑信息模型的简称,是多维建筑模型信息集成管理技术,可以实现二维到三维的转变,让编辑对象更形象、立体、可视。运用 BIM 技术,新建给排水工程的设计、施工、运营将处于数据可视化的状态,工程建设的清晰度将全方位提高。青羊区排水系统总投入约 800 万元,构建三维建模、智慧管网平台、指挥中心等板块,不仅可以实现管网运行状态实时评估,还能及时发现偷排漏排现象,高效、精准追溯污染源头,实现区域地下综合管线数据资源管理数字化、三维管线可视化、雨污排水管网系统化。实景智慧管网全部建成后,辖区每个治水工作人员、每个河长,都能够很清楚地知道负责区域的"家底",在进行统一管

理时，能够快速提供决策依据，提高工作效率，真正实现治水精细化管理。

（三）资源整合共享，涉水要素实现可视化监管

青羊区一体化智慧水务决策指挥可视化系统在成都市河长制、水资源、防汛减灾、供排净治一体化等几大平台的基础上，通过对河长、水环境、水污染、水资源、防汛等信息资源进行整合，延伸建立区级信息化管理平台，并根据区县工作特点进行流程化展示，采用可视化方式，实现整个水务管理工作全程监控，进一步提升管水治水智慧化水平。

（四）打通神经末梢，智慧河湖建设迈入新阶段

青羊区通过推进街道、社区级水务信息化系统建设，结合智慧青羊大平台设立街道、社区终端，在光华街道试点创建基层河长制数智社区，以数字化改革为抓手，推动智慧应用场景落地，实现传统的河湖监管由"人防为主"向"人防＋技防结合"转变，全面提高河湖监管效率，进一步推进数字化技术在基层河湖管理保护中的运用，为环境治理提供数智化转型方案，完成河长制"有名有责"向"有能有效"的转变。

"一张网一张图一平台"的"智"水之路

——新津区"三个一"推动幸福河湖建设*

【摘　要】　近年来，随着全球新一轮的科技革命和产业变革，水务治理工作进入了新的发展阶段。被誉为成都平原上的一片"超级绿叶"的成都市新津区在认真落实"智慧水利"建设要求的基础上，坚持建圈强链战略，围绕金马河流域水生态治理总体目标，积极推动体制机制创新，突出"实时感知、数据整合、高效应用"，建设智慧防汛、河湖、供水、排水应用场景，不断推动新津智慧水务感知全面化、管理数字化、治理精细化，实现平台数据可链接可导入，不断提升水务现代化智慧化管理水平，助力幸福河湖迭代升级。

【关键词】　智慧水务　感知终端　水利新质生产力　智慧河湖

【引　言】　2023年9月，习近平总书记在黑龙江考察调研期间，提出了"新质生产力"概念。2024年3月，水利部召开部务会议，强调了要牢牢把握高质量发展这个首要任务，加快发展水利新质生产力。以数字孪生水利推动智慧水利体系建设，加速构建现代水网，以水利新质生产力增强水利高质量发展新动能已经逐步成为共识。在此背景下，新津区秉持数字赋能思维，以"问题、目标、效能、标准"为工作导向，探索创新"智慧水务"建设，积极构建"一网全面感知、一图纵览全局、一平台协同四水、一门户统一服务"的监管格局，为当地居民带来更多福祉。

一、背景情况

"城阙辅三秦，风烟望五津"，新津即王勃诗中五津之一的江南津，因水得名，因水而兴。新津地处岷江水系，境内"五河一江"（金马河、

---

* 成都市新津区河长制办公室供稿。

南河、西河、杨柳河、羊马河、岷江）汇聚，河道岸线224km，水系发达，砂石资源丰富。新津区全面推进河湖管理信息化建设取得了一定成效，但仍面临感知覆盖范围不足、上下级信息系统数据资源共享不充分、智慧平台综合应用性不高等诸多问题，为此，新津区因地制宜，制定《新津区"智慧水务"平台建设项目技术方案》，强化天地一体化水系统全要素感知网建设，深化智慧水务物联感知源终端与电子政务云平台数据纵向融合与共享，推进平台业务应用系统服务高效化、决策智慧化，完成智慧水务"四平台两系统一中心"（统一应用整合平台、数据资源共享平台、智慧水务展示平台、水务视频整合平台、智能物联感知系统、本地特色应用系统、智慧水务指挥分中心）试点建设，数字赋能、科技治水，打造美丽幸福河湖智慧样板。

二、主要做法

（一）"一张网"全面互联感知

新津区坚守水资源管理"三条红线"，提升水环境治理能力，聚力水生态空间管控，水净岸绿美丽水网建设成效凸显。

一是推动管网工程整改，疏通水网"经脉"。完成《新津区供水专项规划（2021—2035年）》编制，自来水入户安装960户，老旧院落自来水"一户一表"改造811户，复兴街、岳巷街等老旧自来水管网改造4.8km；全面落实《成都市新津区污水治理三年攻坚行动方案（2022—2024年）》，累计新增雨污水管网1.5km，修复污水管网3.7km，城区、乡镇污水处理率分别达93%、82%以上。城乡供水、排水、污水处理"一张网"已基本完善。

二是加速监测终端铺设，强化水网"感知"。建立智能物联感知系统，提升全区全域感知能力和实时感知能力。目前，全区共建感知资源874处，雨量站、水位站29处，河道流量站、水库水位站、水质监测站13个，河道视频监控154处，河道视频广播AI监测终端30处，污水处理厂9座，逐步搭建全区河湖全天候、全方位、全覆盖在线监管"一张网"。

三是强化滨水空间修复，改善水网"面貌"。完成杨柳河花桥、花源段天府蓝网项目工程建设，高标准打造生态堤防8km，综合治理河道长度16km。着力乡村振兴建设，启动实施天府农博园片区现代化灌区建设项目，完成宝墩镇玉龙村省级水美乡村创建。水清、河畅、岸绿、景美"一张网"已初见成效。

（二）"一张图"筑牢数据基础

新津区河网纵横、水网密布，基础数据量大，为加快推进河湖本底数据信息化，全区压实河长制工作职责，扎实开展河湖管理保护基础工作，绘制河长制"一张图"，筑牢新津幸福河湖基底。

一是完善河长履职一张图。分解落实《2023年岷江成都市新津区段河湖长制工作清单》，开展镇（街道）、村（社区）两级河长制差异化在线考评，持续做好河长体系动态管理，督促各级河长巡河、查河、治河。新津区180名各级河长累计巡河12577人次，发现并解决问题120个，完成全区81个村（社区）基层河长制管护体系建设。

二是建设新津水系一张图。以河长制工作为抓手，通过技术与人工、线下与线上相结合的方式，开展常态化全区水域调查，动态掌握全区河流情况、河湖工程信息、水生态现状等数据信息，积极开展全口径湿地资源数据核实，确定湿地保护范围边界，为智慧水务建设提供全面水务数据，让河湖管理有"据"可依。

三是构建数据共享一张图。依托"智慧新津"数字底座感知中心，通过上级数据回流和本级数据共享，全面汇聚水务感知资源和水务数据，建立上下联通、左右互通的水务数据专题，打造"动态协同"的"水务仪表盘"。通过4G传输与智慧水务电子政务云平台对接，电子政务外网专线实现与云平台直连，充分利用现有涉水数据与智慧新津数字底座事件中枢、"津政通"对接，实现县（市、区）、镇（街道）、村（社区）水务数据信息互联共享。

（三）"一个平台"协同四水

新津区梳理防汛指挥、河长制管理等系统，建立"智慧水务"统一应用整合平台协同四水，涵盖"智慧防汛、智慧河湖、智慧供水、智慧排水"四大应用场景，并整合大屏、视频会议系统、音频语音调度系统，建成新津区智慧水务指挥分中心，搭建承上启下、横向到边、纵向到底的指挥调度体系。

智慧河湖方面，平台通过远程智能语音劝导、实时对讲、调度处置等方式，重拳治理河湖"四乱"现象。坚持以市场化机制开展河湖保洁，累计清理河湖岸线垃圾441吨、清除河道淤泥102.9吨，清理行洪阻碍28个，平整河滩地30亩，处理乱采乱倒行为51起，移交水行政处罚8起。

智慧防汛方面，启用智慧河湖防溺水试点应用，搭建防汛四类预警处置结构性预案，形成"线上＋线下"一体化防汛"作战"平台。依据智慧系统数据分析，修订《新津区防汛抗旱应急预案》，组织开展防汛应急演练100余场次，汛前督促12处涉河工程完成施工围堰清除，累计清掏雨污水管网48.64km、检查井1202个，加装防坠网200余个，汛期针对水库、堤防、城市排水管网等重点部位，常态化开展隐患排查整改，整治各类安全隐患10处。

智慧供、排水方面，完善智慧供水中控系统、自来水管网GIS（地理信息系统）、自来水SCADA（数据采集与监控系统），加强排水管网水位、流量、COD监测，实时追踪、监控全区供排水体系"健康"。

三、主要成效

一是打造安全清净河，筑牢秀水长清的河湖屏障。通过河道改造、管网铺设、平台搭建，全面提升水安全保障能力，实现河湖安澜水韵灵动。坚持管网修复。改造自来水管网、修复污水管网、建设天府蓝网工程，加快推进河湖水系连通，实现全区水资源空间均衡配置。坚持河道砂石治理。高标准打造生态堤防，综合治理河道，完善智慧砂石监管系统，夯实河湖治理硬件设施。坚持信息化建设。打造"实时感知"监管前哨，构建完善的水务网络安全防护体系，实现数据信息互联共享，切实保障河湖安全。

二是建设生命健康河，恢复碧波荡漾的生态系统。新津区积极推进流域综合治理、系统治理，科学制定引水方案，强化生态用水保障。水域岸线修复。持续巩固河湖管理范围划定成果，落实南河等四个流域"一河一策"方案，严格涉河建设项目审批监管，恢复河湖自然岸线功能。水土保持功能提升。完成生产建设项目水土保持设施自主验收，严格生产建设项目水土保持方案审批,实现水土流失动态监测年度全覆盖,水土保持工作取得显著成效。

三是构建美丽幸福河,营造绿色发展的宜居场景。新津区以绿色为底色、以山水为景观、以绿道为脉络、以人文为特质、以街区为基础,助推"人城境业"和谐统一。生态公园建设。打造白鹤滩湿地公园、红石涵养湿地公园等生态公园,为群众提供丰富的亲水场景。河湖水质保持。全区水质情况总体优良,主要考核断面水质均控制在目标范围,有力维护了成都岷江出境生态屏障。生态效益转化。通过商业植入,推动水生态价值创造性转化,让绿色生态成为最优质的资产,让生态产品供给成为最普惠的民生,充分展现了新津的水城特色。

四、经验启示

(一)强化智慧赋能是提高人民群众福祉水平重要前提

推动河长制走深走实,要以人民群众的幸福感与满意度的提升为出发点和落脚点;实现河湖长治久安,要以水利高质量发展、智慧赋能为主要目标。建设让人民满意的美丽幸福河湖,要加快构建数字孪生流域,全面提升水利监测感知能力,系统施治、精准发力,用智慧化手段切实解决群众身边关于河湖管护急难愁盼的问题;同时,要推动智慧河湖向群众延伸,打造更多高效实用、惠民利介的应用场景,营造全民治水护水良好氛围,让群众真正体会到河湖治理带来的社会效益、生态效益和经济效益。

(二)构建智慧平台是健全河湖长制监管体系关键举措

深化河湖长制是推进幸福河湖建设的有力抓手,而智慧河湖是加强河湖管理保护的重要手段,也是深化河湖长制的关键举措。要将防汛指挥平台与河长制管理系统深度融合,搭建智慧水务信息化管理平台,应用于防汛防溺预警、非法采砂监管、水环境监测等多种场景,推进信息系统和数据资源跨部门重组优化,将事后处置问题变为事前监测预警,并不断完善公众举报反馈机制,加强河湖水域岸线空间管控,实现河湖生态环境改善,提升群众参与感、安全感与幸福感。

(三)完善智慧河湖是强化河湖治理管护水平有力支撑

智慧河湖建设是一项复杂系统工程和长期任务,在深化河湖长制进程中扮演重要角色,应基于现有河湖长制信息化建设及应用进行完善与升级,联合各部门单位开展智慧河湖建设需求分析,并充分利用 AI 监测、大数据、无人机巡河等先进手段,不断提升数据分析能力、完善平台功能,推动"天、空、地、人"立体化监管网络的完善,为河湖管理及河湖长制工作提供技术支撑和决策支持,变"治水"为"智水"。

技术赋能河长制护河 第三方考核深化监管

——高新区创新构建河长制第三方考核与数字化监管体系*

【摘　要】　成都高新区辖区内有大小30条河流，总长约160km。近年来，高新区逐步构建起由区、园区、职能部门、街道（乡、镇）、社区以及河道专业管护公司（专业河长）组成的"5＋1"河长管理体系。但在实际运行中，往往存在工作执行不到位、管护效果不佳等情况，多条河流出现违法排污、闸坝河堤失修、河道淤塞等问题不能及时解决。为加强对各河长护河工作的监管力度，高新区创新引入第三方机构，对河道管护情况全面实时跟踪监督和精细化管理；运用互联网、大数据等技术手段建设"成都高新区水务监管考核平台"；建立标准化监督管理指标和考核机制；创新构建技术赋能、多方协作的河长制河道管护监管体系。通过近一年的运行，河道管护质量显著提升。

【关键词】　第三方考核　数字化监管　智能化考核　"5＋1"河长管理体系

【引　言】　为深入学习贯彻习近平生态文明思想，认真贯彻落实党中央、国务院重要决策部署，全面落实河湖长制，成都高新区创新探索将河长制工作体系融入社会治理体系与治理能力现代化发展进程中，创造性地引入第三方考核，构建起责任明确、协调有序、监管严格、保护有力的河湖管理保护机制，落实属地责任，健全长效机制，确保相关河长制各项工作落实到位。持续提升河道管护质量，涵养生态、美化生活，塑造蓝绿交织城河相融的城市形态，夯实承载幸福美好生活的生态本底，促进城市自然有序生长，为成都建设生态宜居的公园城市贡献水务力量。

---

*　成都市高新区河长制办公室供稿。

一、背景情况

成都高新区分为西区和南区，总面积约 130km²。辖区内河流沿岸分布着超过 2700 家重点高新企业，以及大片住宅小区、城市公园绿地等。

近年来，为加强河道管护，高新区在河长制工作体系下，建立起"5+1"河长管理体系，分片区对辖区内各条河流实施管护，河长办负责对管护情况进行监管。但在实际运行中，个别河长存在巡查不到位、解决问题不力，甚至出现"巡而不报、报而不追、追而不看"的情况；虽然河长办一直在加强监管，但过往监管方式落后、监管人手不足、取证能力不强、分析应用不够等问题，导致监管效能不高；辖区内河流时常出现违法排污、河堤维护不力、绿化带损毁、违章搭建、河道淤塞、垃圾散落等情况，严重影响河道管护质量和城市生产生活环境。

为应对解决上述问题，在充分调研论证的基础上，2020 年 7 月 15 日，成都高新区引入《成都高新区水务管护第三方公司考核服务》，由河长办牵头，与第三方共同创新探索精细化、智能化、标准化的河长制河道管护监管模式。

二、主要做法及成效

（一）搭建平台，管护考核业务全流程网上办理

每天上午 9 点，当高新区从事管护考核的第三方人员抵达河道起点，打开手机上的"水务通"软件时，当天的考核工作任务已经由后台自动派发到位。按照制度标准要求，当日需要巡查暗访的区域范围在手机地图上都已明确，重点点位还有特别编号，考核人员只需要"按图索骥"。担任此项任务的暗访考核人员共有 6 名，以 7 天为一个周期覆盖全区约 160km 河道的管护考核工作。以上工作的有效完成主要得益于基于"互联网+大数据"技术搭建的"成都高新区水务监管考核平台"。

该平台将行政主管部门、"5+1"河长、第三方考核单位全部连接起来，将整套管护考核制度和流程全面整合到信息平台中。2020 年 10 月 15 日平台上线后，各单位相关工作人员可通过平台接收任务、上报信息。同时为了让管护和考核工作更为精准有效的开展，平台依托大数据和空

间地理信息技术，结合制度标准，建立了管护台账和业务资料档案数据库，整合了包括工作信息台账、隐患台账、设备台账、管护日志台账、公示牌台账、事件处置记录等，实现了各类信息的查询、分析和共享。基于这个数据库，平台将辖区河道划分为91个考核网格河段，实现了管护和考核工作全流程、多环节全天候快速处置。

2021年3月25日，第三方考核人员发现高新西区摸底河一排水口出现非雨天排水情况，通过手机端"水务通"上报平台后，信息即时派发至街道河长、社区河长、专业河长和管网管护公司并迅速得到响应。从发现问题到上报回复，整个过程仅用时15分钟，问题所在位置、现场照片、情况说明、处置结果等流程痕迹全部保存至平台数据库中。

（二）再造流程，智能化技术构建考核闭环

早在2018年，高新区就开始了创新河道管护考核模式的探索。2020年引入第三方考核机构后，在前期探索的基础上，建立起一套基于智能化算法技术的考核机制。该方案由清晰的考核环节、精细的考核流程、适当的考核密度、合理的人员配置所构成。

考核流程上分为四个层面，每个层面都有具体的工作流程和标准要求。在这套考核机制下，借助多种智能化算法等手段，对各类河道问题的空间热力图分析，在地图上呈现问题的高发区域，依此制定针对性的解决方案。

通过考核巡查工单的自动分发，实现了考核工作全覆盖无死角。问题从发现上报、平台分发，到"5+1"河长接收并处置、第三方现场复核结案，所有环节等均能自动追踪和提示，实现了工作闭环无遗漏；基于平台大数据，系统可对责任河长的工作情况进行自动考评，如：考核发现问题扣分、协调处置超时扣分、复核发现处置不到位扣分等，实现了考核流程的公平公开公正。考核机制实行9个月以来，第三方考核人员共出具考核日报270余份，管护情况月报9份，发现疑似排污问题400次，水体污染152次，环境卫生等问题3487件。上述问题都得到了及时处理。每日每周的报告全面动态地反映了高新区河道管护的真实情况，为高新区掌握河道管护现状、调整各种管护重点、提升河道管护质量提供了重要决策依据。

(三)统一标准,建立标准化考核指标和监督机制

在过往的河道管护监管中,互相推卸责任的情况突出。为此,高新区以问题为导向,结合相关制度和合同约定,统一制定了《高新区水务管护考核办法》。依托平台数据库管护数据,将各项管护事项细化为不同的考核指标,统一考核标准,厘清管护责任。例如《河道及附属物考核评分标准》,含考核指标111项;《污水处理厂直管模式考核评分标准》,含考核指标113项;《污水处理厂BOT模式考核评分标准》,含考核指标113项;《中水湿地考核评分标准》,含考核指标118项。

经过标准的统一、责任的厘清,第三方考核人员得以有效地分辨管护内容和要求,避免各种推诿扯皮的现象,落实管护责任。此外,第三方考核在每月例行考核巡查和暗访巡查的同时,还不定期地进行突击检查,对此前发现的问题处理结果逐一进行核查,督促整改。例如在2020年8月26日的城市文明测评突击检查中,三天时间就集中发现问题248条,并立即督促整改处置。这些工作的开展,对压紧压实管护责任发挥了积极的作用。

三、经验启示

(一)技术赋能,为建立健全河长制工作体系插上翅膀

高新区探索引入的第三方考核将互联网、大数据等技术成功应用到河道管护监管工作中,向技术要人力、向技术要效能,解决了困扰多年的河道管护监管难题。及时调度,统筹各方河长推动问题及时解决。通过信息化技术手段,按照考核工作的各个环节开发了相应的软件功能,利用互联网极大地提高河道的监督效率和敏捷性。技术赋能助力精准决策。平台通过不断积累分类保留了工作痕迹;利用软件技术即时准确呈现分析结果,发现隐藏问题,解决了过往由人工分析汇总方式存在速度慢、数据错漏、周期长等难点,为治理河道提供精准有效的数据支撑。

(二)多方协作,持续提升河湖管护能力

成都高新区积极推动政府职能转变,深入实施河长制工作,推进"放管服"改革,在河道管护监管工作中引入"第三方机构",充分借助

其基于市场机制的运行模式，充分发挥其市场化、专业化、集约化、社会化的优势特点，建立起一套政府主导把控、第三方深度参与、多方共同协作的河长制河道管护监管新模式，持续提升河道管护能力和管护质量，为成都建设公园城市示范区做出了积极探索。

四、以绿换金 助推城乡融合发展

以水润山优环境 以水为媒促发展

——龙泉驿区红旗村以河湖长制助力乡村振兴实践*

【摘　要】　成都市龙泉驿区同安街道红旗村，昔日的一个贫困小山村，如今是成都市首批乡村文化振兴样板村。近年来，同安街道深入贯彻习近平生态文明思想，积极践行"绿水青山就是金山银山"的绿色发展理念，以河湖长制为抓手，统筹山水林田湖系统治理，聚焦水利设施升级、水域岸线整洁、人居环境优美、业态场景多元目标，以党建引领持续巩固提升河长制改革成果，探索建立"共建共治共享"治水模式，扎实推进水美乡村建设，为深化实化河湖长制工作提供了可学习、可借鉴、可复制、可推广的示范样板。

【关键词】　河湖长制　绿色发展　统筹协调　系统治理

【引　言】　党的十八大以来，以习近平同志为核心的党中央高度重视河湖管理保护工作，从生态文明建设和经济社会发展全局做出全面推行河湖长制的重大决策部署，党的二十大报告提出，要建立生态产品价值实现机制。红旗村结合区情区位实际，因地制宜，守正创新，精准施策，以河湖长制为抓手，充分利用已有自然禀赋，将农村水资源利用、水环境治理、水生态修复有机结合、统筹发展，持续推动水生态价值转化，走出了一条"水美经济"助力增收致富的好路子，绘就龙泉驿"一半山水一半城""人水和谐、山水相依"魅力新画卷。

一、背景情况

同安街道红旗村位于成都市东部，处于成都市龙泉山城市森林公园腹心区域，平均海拔700m，幅员面积6.31km^2，距同安街道城区6.5km，距龙泉驿区城区10km，距成都市中心25km，辖区东西城市轴线、成安渝高速穿境而过。全村有10个村民小组，415户1423人，是纯农业山区村，耕地面积6800余亩。2020年前，红旗村村民主要收入来源

---

* 成都市龙泉驿区河长制办公室供稿。

以水蜜桃、枇杷种植为主,产业发展单一,农业生产基本靠天吃饭,村集体经济基础薄弱。红旗水库是红旗村宝贵的水源,也是农业生产不可或缺的灌溉源头,但蓄水能力有限,加之我区连续几年出现秋旱冬干春旱,可用水资源十分匮乏。

随着近年来龙泉山民宿产业的迅速发展,村民对建设优美宜居宜业环境的需求越来越迫切,对脱贫致富的盼望越来越强烈。用行动践行"绿水青山就是金山银山"发展理念既是红旗村的现实需要,也是进一步提升河湖长制工作的新举措。山因水而灵动,水因山而秀美,红旗村以幸福河湖建设为目标,以深化河湖长制为抓手,始终致力于达到产业兴旺、生态宜居、乡风文明、治理有效、生活富裕的乡村振兴总要求,依托以水环境为核心的优良生态本底,积极探索新思路,持续推动水资源向水生态价值转化,做细做足水文章,让有限的水资源"活起来"、身边的水环境"美起来"、山区的老百姓"富起来"。近年来,红旗村先后获得省、市、区三级"四好村"及成都市"首批乡村文化振兴样板村"、成都市"乡村振兴示范村"、成都市"三美新村示范村"、成都市"四好农村路"示范村、成都市"水美新村先进单位"等称号。

二、主要做法及成效

(一)坚持多规合一,以高标准规划引领水美乡村高质量建设

坚持把水美乡村建设与乡村振兴战略规划衔接,根据区镇两级国土空间规划,结合天府蓝网规划建设、幸福河湖建设等工作,认真梳理区域水资源禀赋,对照水美乡村"七有"建设标准,融合"理山治水"新理念,依托红旗水库多元推进水资源补短,投资100余万元,新建引水管道4000m、渠道5000m,改建提升塘堰7处,修复生态实地30余亩,新增灌溉面积3000余亩,切实增强区域内库、塘、湖、渠互连互通能力,有效解决农业生产、生态景观用水问题,积极探索山丘区水美乡村建设,形成"村邻水、田见方、路沿渠、桃成林"的山水形态,以水润山厚植山水生态本底。

(二)坚持体制创新,以河湖长制管理引领水美乡村高质量治理

按照"一级抓一级、层层抓落实"责任体系,红旗村党支部主动对

标"解放模式",以"党建红"引领"生态绿"积极探索实践"1311"工作思路,即建强 1 个基层阵地,按照"小型管用、一室多用、便捷实用"的原则,集基层治理站、河长工作站、成果展示站、科普教育站、为民服务站多功能一体,在王家湾运动休闲消费新场景——水美乡村示范项目核心区,建立全区首个河湖长制工作站,推动河湖长制有名有实;落实 3 支管护队伍,创新村级河长组织体系,组建党员志愿巡河队、巾帼志愿宣传队和社会公益护河队,充分利用微网实格治理架构,整合各类资金、资源,发动党员、群众、企业认领管护河渠湖塘库,充实基层河湖长制力量,有效解决河湖管理保护"最后一公里"问题;完善 1 套管理制度,将河长工作站职责、村级河长工作职责、管河队伍工作职责、河湖长制工作内容及河渠湖塘库环境问题、农业面源污染问题和水利工程设施损坏问题处置流程纳入制度实行清单式管理,发挥群众主观能动作用,建立红旗村河湖管理村规民约,全力推动河湖长制有能有效;建立 1 套可持续共享机制,探索"积分+",制定《同安街道红旗村王家湾桃溪谷林盘水环境"红黑榜"考核实施办法》,以家庭、企业为单位网格划分"责任田",充分发挥"红黑榜"、积分制的激励警示作用,发动村民、企业自觉保护水资源、参与治理水环境,激活水美乡村治理"大能量",持续推动区域内河渠水生态质量明显改善,水生态效益进一步显现。

(三)坚持生态惠民,以水景聚业态引领生态价值高质量转换

红旗村坚持"政府引导、企业参与、治管并举、全域覆盖"原则,通过政府先期投入 400 余万元,优化水资源配置、实施水生态修复、打造滨水景观等重点水美乡村建设项目,极大提升王家湾水美乡村项目核心区及周边农村人居和生态环境,有效拓宽产业发展模式,成立合作社新建百亩"梦里桃乡"水蜜桃基地、拟投建桃溪谷 300 亩现代农业融合发展示范园,并充分挖掘释放水生态产品价值,将其与文创、民宿和现代农业产业等业态深度融合,实现政府"小资金"撬动,吸引社会资本 5000 余万元,成功开发"新见·书山""叁山与肆""不二山房"等文创休闲民宿产业,成功上榜成都市新晋网红打卡点,带动区域内游客流量急剧上升,以景聚人构建多元业态场景,实践推动水生态优势转化为发展优势，为打造山水人城和谐相融的公园城市提供良好的水生态支撑。

三、经验启示

（一）制度引领是实现"绿水青山"到"金山银山"的"绿色引擎"

在推进乡村振兴的宏伟蓝图中，水资源、水环境问题不仅是影响农村经济发展和生态环境质量的瓶颈，更是考量我们能否实现绿色发展、可持续发展的关键所在。龙泉驿区在实施水美新村项目中，充分发挥河湖长制度优势，统筹"5＋9"重点工作，开展山水田林湖系统治理，实现了"以水润山、治水兴村"目标，将红旗水库水资源存量转变为经济增量，不仅扮靓了绿水青山"颜值"，还释放了绿水青山"产值"。

（二）合作共赢是实现"绿水青山"到"金山银山"的"生态动力"

美的水环境不仅是乡村生态文明建设的亮丽名片，更是推动乡村经济发展的生态动力。红旗村紧紧抓住水美新村建设契机，将河湖长制作为生态价值实现载体，把水生态建设作为转变经济增长模式的核心驱动力，盘活山水资源，吸引社会资本投资，引导村民参与，把农民变股民、资产变资本，建立企业、村集体、村民互利共赢机制，因地制宜发展乡村旅游产业，推动乡村生态价值转换，引领乡村经济持续繁荣。

党建"红"引领河长治
生态"绿"助力产业兴

——青白江区十八湾村河湖管护促进乡村振兴实践*

【摘　要】　党的二十大报告明确把"全面推进乡村振兴"作为新时代新征程"三农"工作的主题，良好的水生态环境是农村发展的最大优势和宝贵财富，成都市青白江区城厢镇十八湾村继续传承创新升级"党建＋河长制"典型经验，重塑水美乡村自然田园风貌，深挖优美水环境生态价值，升华凝聚多方护水智慧合力，推动基层河湖管护由表及里、全面提升，致力于构建新时代新机遇下基层河湖管护的新模式新范本，聚力实现基层河湖管护促进乡村振兴、治水兴水福泽人民群众，为建设宜居宜业和美乡村注入"源头活水"。

【关键词】　河长制　党建引领　水环境治理　乡村振兴

【引　言】　生态兴则文明兴，生态衰则文明衰。习近平总书记指出："青山绿水长远看是无价之宝，将来的价值更是无法估量。"成都市青白江区城厢镇十八湾村作为西部内陆城市的一个普通村落，在没有大规模土地征收和外来扶持的情况下，自力更生发展起鲜切花、食用菌种植及加工产业，建成"两基地一园区"，但在经济飞速发展的同时，环境污染特别是水环境污染日益凸显。全面推行河长制以来，十八湾村继续传承创新升级"党建＋河长制"工作模式，充分发挥基层党建在河长制工作中的带动作用，营造了良好的生态环境，以良好的生态环境提能经济发展，"绿水青山"真正成为"金山银山"。

一、背景情况

十八湾村是成都市青白江区"千年古镇"城厢镇的一个自然村，因民族堰流经境内自然形成的18道河湾而得名，全村幅员面积4.5km²，辖

---

* 成都市青白江区河长制办公室供稿。

14个村民小组、3658人。全面推行河长制以来，为切实从源头上解决农村河湖污染治理问题，十八湾村创新构建"党建引领、河长主治、群众自治、企业共治"基层河湖管护模式，全村水域生态和人居环境得到极大改善，实现了水生态价值向社会经济价值的高质量转化，成功经验得到了水利部领导高度评价，被中国水利报、四川日报等主流媒体相继报道。

2023年，十八湾村继续传承创新升级"党建＋河长制"典型经验，重塑水美乡村自然田园风貌，深挖优美水环境生态价值，升华凝聚多方护水智慧合力，推动基层河湖管护由表及里、全面提升，致力于构建新时代新机遇下基层河湖管护的新模式新范本，持续推动绿水青山向金山银山高质量转化，聚力实现基层河湖管护助力乡村振兴、治水兴水福泽人民群众，为建设宜居宜业和美乡村注入"源头活水"。

二、主要做法

（一）创新深化"党建引领"，致力守河护水开新局

一是组建"1＋3"河湖管护组织体系。十八湾村组建"1＋3"河湖管护组织体系，"1"即在村党群服务中心建立1个"河长微阵地"，"3"即在刘家巷、万家大院、沈家大院建立3个"护河分阵地"，将河湖管理组织体系植根于党组织最基础的"细胞单元"，擦亮"我是党员我带头"党建品牌，引导全村133名党员在河湖保护和绿色发展中发挥带头示范作用，组织"党员护河日""先锋互助"等志愿服务，强化村规民约、院规民约作用，增强村民爱河护河行动自觉，深入推进农村移风易俗，形成了"早上扫把舞，晚上坝坝舞"的院落场景，引导村民自觉践行绿色健康精神文化生活方式。二是构建"1＋1＋5"河湖管护治理体系。十八湾村构建1个总网格、1个一般网格及5个微网格的"1＋1＋5"河湖管护治理体系，将河湖水环境管护作为村级"微网实格"治理的重要内容，运用"积分制""清单制"和"院落管家"等手段，常态化推进"五清一改"（清垃圾、清搭建、清杂物、清堆物、清张贴、改习惯），确保院落生产生活污水零排放，有力推动建立"政府主导、多元参与、有序衔接、高度融合"护河模式，形成辐射面积范围更大、问题处置响应速度

更快的基层河湖管护格局，营造了党建"一盘棋"、治理"满盘活"的良好氛围。三是搭建"1对1"河湖管护监督体系。十八湾村坚持将优良水生态环境作为实现乡村振兴的基石，引入宜家、康祖等30余家省市龙头企业以及杯盏时光等农旅企业驻村发展，均与村党委签订绿色发展战略合作协议，主动投入数百万元资金开展污水治理、河道管护，推动水生态优势转化为农商文旅产业发展优势，实现村企互利共赢、共同发展。村党委建立党建指导员"1对1"联系企业机制，由党建指导员负责监督指导企业规范处理排放污水，实现了经济和生态"同发展、双富足"。

（二）盯紧抓实"水岸同治"，着力水乡旧貌换新颜

一是强化基层管护"软实力"。十八湾村创新"基层河长多走一公里"实践，切实解决河湖管护"最后一公里"问题。通过建阵地、强队伍，成立"河长微阵地"，推行每周"2+5"巡河制度，组建"巾帼河长""夕阳红护河队"等，让巡河"多走一公里"；通过建台账、细排查，摸清院落生活污水、企业生产废水等走向，排查并公示各类污水风险点位1300余个，让溯源"多走一公里"；通过重引导、促共治，编制护河"顺口溜""院规民约"，建立"水美邻亲"谈话室，成立驻村企业商会，制定管河护河"门前三包"，发动群众企业齐抓共管，从源头上根除"病灶"，让治理"多走一公里"；通过互督促、月评比，成立院落监督委员会，实行一月一评比长效监管机制，每月对管护效果好的住户颁发"小红花"及"湾豆币"，采取积分超市兑换物品、评选"最美家庭"等方式，让监督"多走一公里"。二是提升基础设施"硬实力"。为满足农旅蓬勃发展的硬件需求，跟上乡村消费场景的更新迭代，十八湾村深度挖掘全村资源，整合各方力量，提档升级各类乡村基础设施，投入财政资金480余万元，以改造农房"蓝顶"、提升立面"颜值"为手段，实施农村"拆危治违"及民居风貌整治提升工程，将部分闲置破损的民居改造为川西特色民宿和茶咖，目前已改造农房200余户，拆除林盘"危建""违建"面积约8400m^2，平整绿地节点2000 m^2，建设特色民宿2处、生态停车场10处、景观亭2处、游憩设施20处，整理步道路基12km，不断扮靓乡村面貌，焕新自然村落的美与魅。三是打造水美乡村"巧实力"。十八湾村以重塑乡村河道水系助力农商文旅融合发展，因地制宜实施13km河道清淤疏浚、河岸景观美化等综合治理项目，完成刘家巷AAA林盘等区域生活污水纳管，改造农村户厕484户，建成垃圾回收站21个，有效提升污水源头治理能力，夯实了清澈见底、灵动蜿蜒的水生态本底；建成滨水步道、水车、锦鲤池塘等10余处"筑"水景观，与自然田园风光相互映衬，与特色景点串点连线成片，实现了水"活"起来、流域"绿"起来、环境"美"起来、群众"富"起来。

（三）拓展延伸"河长制＋"，聚力振兴乡村启新程

一是"河长制＋村民"激活内生动力。十八湾村依托丰富优质水资源，积极拓展集体经济发展空间，构建了现代农业、特色产业、休闲旅游"三位一体"绿色融合发展格局，通过资源变资本、资本变资金、村民变股民，92%以上村民以土地经营权入股村股份经济合作联合社，杯盏时光企业拿出18%的年利润反馈村集体发展，激活了村级经济的"造血"功能，目前村集体经济实现年收入50余万元，村民人均增收3.6万元，有效激发了村民爱河护河自治内生动力，实现了在家门口吃上"生态饭"，捧稳"致富碗"。二是"河长制＋游客"加大外在推力。十八湾村推动"千年古韵城厢镇 萤光生态十八湾"乡村振兴项目落地，建成创意萌宠乐园、萤光露营基地、林中秘境烧烤等新业态消费场景，平均每年吸引接待游客50余万人次。为避免日益增多的游客带来环境污染问题，村党委在20余处景点设置爱河护河、保护环境等标语，游客参与巡河护河并拍照打卡发到社交平台，集赞获取商家消费打折券，吸引了1000余人次游客驻足参与，持续释放共治共建共享综合效能，进一步夯实了乡村经济蓬勃发展生态本底。三是"河长制＋合作社"凝聚高效合力。十八湾村创新构建党组织引领、合作社带动、群众参与的"党支部＋合作社＋公司＋农户"村企联建发展模式，积极响应绿色可持续发展号召，按照"路田水林，谁受益谁负责"原则，建立常态化联合巡河护河、问题沟通反馈、联合出资修复河渠护坡等机制，有效凝聚了各方治水兴水合力，形成基层管河护河的最高效的手段，为建设内容更加扩展、内涵更加丰富、形式更加多元的宜居宜业和美乡村夯实了水生态基础。

三、经验启示

（一）推进河长制落地落实，见真招、见实效，不能见招拆招，解决源头问题，从"末端"移到"前端"治理才是治本之策

河湖问题难以根治，关键就在于没有彻底防控污染源。河长制实施以来，河流主干成为巡河的主要内容，但随着主要河湖面貌的显著改善，农村小流域污染源头治理却成了整治难点，这将决定河长制由全面建立转向全面见效的关键进程。尽管河道主干断面水环境已稳定达标，但部分支流的水环境情况不尽如人意，虽堵住了末端排污口，但仍有污水在"不经意间"排出，清理了水面漂浮物，但各种垃圾依然成为"水上常客"，防不胜防。究其原因，关键就在于治本没有治根。基层河长，是河长制的最小单元，是最熟悉本村情况的人，对辖区内的生产生活"底数"如数家珍。基层河长"多走一公里"，就是要把追溯污染源头走向纳入巡河的"一张网"之下，从治理"末端"转移到巡查"前端"，形成一个完整的巡查"生态圈"，河长巡河方能发挥最大效用。

（二）要发挥基层河长制的乘数效应，就需要广泛发动"微力量"，取得社会最大公约数，才能形成"1+1＞2""1"变"N"的共治局面

很难想象，在纵横交错的丰沛水网体系面前，面对高密度、高强度的生活劳作频率，如果单凭基层河长一己之力开展水源溯源防控，就犹如蚂蚁拉大象，根本不可能拉得动。基层河长业务素质再高、治理能力再精，始终也有其局限性。河长制，作为水环境治理体系中的一个重要撬点，要借力打力撬动最广泛力量，充分发挥好政府有形之手、市场无形之手、群众勤劳之手，统筹好政府、社会、群众三大主体，用"共同缔造"理念，构建水环境治理共同体。值得一提的是，农村水环境治理，尤其需要因地制宜、因人施策，用"草根智慧"来创造性开展工作。在十八湾村，无论是送挂历开展宣传、跳"扫把舞"鼓励群众做好环境卫生，还是发动游客主动加入水环境保护中来，都是以贴近民生的方式有效化解问题，也打通了治理的堵点和难点。

（三）水环境治理要常态化推进，就要推动常态化监督，始终保持治理工作的连续性，从而形成治理的良性闭环

水环境治理，是一场持久战，稍有疏漏就容易形成反弹，让来之不易的成果打了折扣。因此治理工作除了在前端的摸排、中端的治理，还需要末端的监督，才能形成治理的良性闭环。十八湾村在溯源、治理的基础上，通过互督促、月评比，建立常态化机制、实施常态化监督，一以贯之地推动治理工作向前进；通过完善奖惩制度体系，多鼓励、多引导，让最大多数人、最广泛群体丢掉"干多干少一个样""干好干坏一个样"的错误思想，从"要我做"变成"我要做"，用花治理工作的"小钱"来赚生态效益的"大钱"，最终推动河长制科学发展、可持续发展。

如今的十八湾村屋前屋后干净整洁，苗木、果园、菜地点缀其中，游乐园、健身区、停车场等公共服务设施一应俱全，"水美刘家巷 萤光十八湾"特色农旅IP开展得如火如荼，纵横交错的农渠内一汩汩清流正在潺潺流淌，途径郁郁葱葱的川西林盘、古色古香的民宿茶咖、欣欣向荣的产业集群以及流连忘返的游客脚步，最终流进老百姓的幸福美好生活里。

嵌入"绿水"拼图
绘就乡村振兴幸福画卷

——新都区水梨村生态价值转化的有益探索和实践*

【摘　要】 水梨村位于成都市新都区,河流纵横,水网密布。随着城乡一体化持续推进,生态文明建设在推动乡村高质量发展中的重要性日益凸显。"一水护田将绿绕,两山排闼送青来。"2017年以来,水梨村深刻领悟"治村必先治水"的精神实质,以河长制工作为抓手,以"建设造福人民的幸福河"为目标导向,结合乡村实际,将河、田、林"三长"制度融合改革,统筹好水安全、水资源、水环境、水生态、水文化治理,激发群众参与河湖治理的积极性,通过持续优化水生态环境保护工作质效,以"绿水"拼图助力当地乡村振兴,推动经济社会高质量可持续发展。

【关键词】 幸福河湖　乡村振兴　"绿水"拼图　价值转化

【引　言】 2022年,习近平总书记在党的二十大报告中提出:"全面推进乡村振兴。"2023年8月,习近平总书记在首个全国生态日强调,全社会行动起来做绿水青山就是金山银山理念的积极传播者和模范践行者。依托清白江,水梨村深入推进河湖长制工作,紧扣"安澜、生态、宜居、智慧、文化、发展"的幸福河湖建设目标,以水兴农打造现代农产品新名片,以水兴旅打造多样化研学基地,以水兴业吸引产业落地,推动乡村振兴走深走实。

一、背景情况

成都市新都区清流镇水梨村位于清流镇西南面,面积3.53km²,临近成都二绕出口、成彭路,交通便利、区域内资源丰富。村内水系发达,有清白江、六支渠、孝义桥旧河、水梨槽沟、周家磨槽沟等大小河流5

---

* 成都市新都区河长制办公室供稿。

条，总长约8850m，灌溉面积达3047亩。过去，水梨村支渠、槽沟杂草丛生，农村污水乱排，垃圾乱堆乱放，严重影响水生态环境质量和人居环境。全面推进河长制以来，水梨村坚持生态优先、绿色发展理念，创新基层河湖管护体系，部门联动齐抓共管，企业群众共同发力，积极探索美丽河湖向"幸福"汇流途径，拼好幸福河湖"绿水"拼图。同时，助力乡村产业融合发展，推动水生态价值创造性转化，实现乡村振兴。2022年，水梨村被评为2021年度四川省乡村振兴示范村，市级"三美"（风尚新美、环境秀美、生活富美）示范村。

二、主要做法及成效

自全面推行河湖长制以来，水梨村以打造人水和谐的幸福河湖为目标，深入践行绿水青山就是金山银山的发展理念，探索建立"河长制＋企业河长＋志愿者"的基层管护体系，联动河长、田长、林长，打造"三长合一、一巡三查"的管护新模式，挖掘乡村特色，着力实现全面强化、标本兼治、打造幸福河湖的3.0版本，将建设幸福河湖和乡村振兴深度融合。

（一）统筹规划，拼好"河湖管护"体系图

1. 党建引领，凝聚管护新力量

水梨村党总支充分发挥基层党组织核心作用，成立村级河长制工作室，组建河长管家团队，由11名社长担任河长管家，负责全村11个社河湖管护工作的统筹协调。一是明确工作职责，根据区域内河流沟渠不同地质环境及治理要求，统筹规划、细化工作流程，建立河道档案；二是完善监管机制，定期检查区域内河流出境断面水质达标情况、水面清洁程度、水岸生态环境等，分析总结存在的短板；三是提高处置能力，建立河渠管护标准，拓宽河湖问题反馈渠道，实施分级处理，提高治河效率。

2. "三长"共治，聚力多元新引擎

建立"一长两员＋"队伍，将原有3支巡查队伍整合精简为1支，将村级河长、田长、林长整合为1名"三长"，统筹巡护力量。建立共治机制，通过制定多部门联动工作机制，在巡查管护上做到上下贯通、内外

联动；强化督导落实，压实"三长"责任，细化量化工作考核；创新工作思路，依托区域网格管理，将8850m沟渠、200余亩林业园林资源、3047亩耕地划分为小网格，形成横向到边、纵向到底的"三长"网格化巡查。

3. 企业加盟，发展巡护新枝干

村委会以河湖长制为抓手，积极发动、聘请可口可乐、雪花啤酒、绿翠公司等9家企业员工成为企业河长，负责区域内河湖管护和环境提升，激发河湖治理生态、经济、社会等多重效益和价值。由河长管家牵头，联动驻村企业和3家"挂牌"认领河段企业组建"企业河长"队，协同加强河湖巡护，层层推进联合治水，河湖得到有效治理的同时，企业获得水生态价值回报，实现河湖健康与企业效益双赢。

4. 群众参与，搭建共治新局面

以群众参与感、幸福感、获得感为目标，充分发动群众广泛参与。一是制定《水梨村河湖管护村规民约》10条，带动全体村民共同参与房前屋后沟渠卫生，评选"最美院落""清洁之星"家庭；二是成立护河志愿队，积极参与全村河湖治理，截至目前共发动60余名志愿者解决群众用水等问题；三是设立水梨村"爱心护水基金"，面向村民及游客，通过专属二维码进行捐款，所募集款项用于村社河湖保护和建设，截至2023年12月，已累计获得16余万元捐款；四是推荐游客参与河长办联合景区开展的河道垃圾清捡活动，提高生态保护意识，"认领一块田"收获水产好物，促进水生态产品价值显性化。

（二）多元赋能，拼好"水清河晏"生态图

1. 连通水系蓝网，夯实河湖发展生态基底

村级河长、河长管家协调区生态环境局、区水务局、街道办，对辖区内河道、沟渠进行改造。一是实施水系连通工程，完成新建生态主河槽4060m，有效恢复河道生态功能；二是涵养水源，建设绕村生态沟渠7160m，增加植被覆盖率，河岸水土流失得到有效治理；三是综合治理河道，疏浚河道1000m，河道清障5处，清水入圩，河道自然面貌得到修复。水梨村已打造"河湖通、流水清、生态好"的农村水系，形成"田成方、树成林、渠相通、路相连"的生态美景，为促进周边产业发展，

推动乡村振兴注入"活水"。

2. 升级基础设施，守牢河湖资源安全底线

大力整治水环境，精打细算用好水资源，持续复苏河湖生态。一是升级改造现有设施，利用水美乡村资金对村内基础设施进行清淤浆砌、截污纳管、生态修复、绿道建设等，精准治理改造绿道1处、管道5处，加强河道防洪能力，新建污水处理站2座，减少污水汇流。二是改进农田灌溉技术，抓住灌溉水利用系数和节水灌溉技术两个要点，完成216亩首开区稻渔综合种养、1400余亩田型调整等基础配套建设，提高水资源利用效率。

3. 探索科技赋能，提升河湖生态治理效能

在"三长"融合基础上，重构网络监管模式，探索构建信息互联互通平台，研发"三长联动"App，将原有的河、林、田三个系统数据统一整合纳入一个网络统管平台，实现"一应用全覆盖"，强化河、田、林保护情况的集中反映、动态记录、实时监测，构建集约高效、监管全面、协作配合的综合监管新机制。探索"智慧巡查"，利用无人机形成"空中＋地面""人查＋技巡"全方位监测体系，建立巡查区域全覆盖、管理常态化的工作模式，快速获取河、田、林环境信息，并对重点区域精准取证，实现"一河一档""一口一档"，大幅提高河、田、林管理的灵活性和响应速度。

4. 构建文化聚落，锚定河湖传承文化脉络

以水为脉，以艾芜文化为依托，将临水闲置农房宅基地、老院子资源与合作社联营共建，植入川西林盘的传统文化，打造了可进入、可观赏、可亲水的清流大书房、清流里、熙溪里等文化聚落，形成高质量发展的生态活力滨水经济带。2023年，全村举办稻田摸鱼、河长制进乡村知识宣讲等亲水活动20余场，同时，"大书房"为村民游客免费提供7000余册阅读书籍，定期举办诗歌朗诵会、古琴交流等文化活动，水文化传承弦歌不辍、历久弥新。

（三）共谋福祉，拼好"产兴人和"发展图

1. 发展特色种植，以水兴田

水梨村自南宋时就有10多口泉水水井，至今仍有一些古井滋养着农

田。随着河湖长制工作的持续推进，全村通过基础设施建设、灌溉水质提升、农业技术改革等方式，规模化种植"迟菜心"等特色农产品，划分10余亩对外开放种植基地，有偿打理游客"认领"的"一块田"。2023年，全村产出的600余万斤农产品远销省内外，销售额达780余万元，同比上涨10%。

2. 吸引产业项目，靠水兴业

建绿水荡漾、鱼翔浅底的水梨村，以良好的水生态环境优势吸引新都区重大农业产业项目"泉印心都"核心区落地，各具特色的农家乐也如雨后春笋般应运而生。截至2023年，水梨村吸引5户新业主开店，集体经济收入从2020年的5万元增加至目前的50余万元，群众年务工收入增加2万～3万元，比邻村务工年收入高0.8万元。

3. "游""学"结合，用水兴旅

利用"梨花、泉水、艾芜文化"的生态人文优势，发展独具特色的亲水游。与区教育局联动，和多所学校达成合作，将生态文明教育与旅游结合，完善"绿翠乡学中心""嘎嘎梦工厂"等综合研学配套设施，打造寓学于行、寓学于游的水情研学基地。截至2023年，共接待游客25万人次、300个研学团队，当地增收2500余万元。

三、经验启示

(一)"固本培元"是河湖管护创新的"金钥匙"

全面推行河湖长制是维护河湖健康生命、实现河湖功能永续利用的制度保障，因地制宜，发展特色河湖管护体系是实现河流精准治理的有效应对。水梨村抓实基层河湖治理、林草资源保护管理、自然保护地体系建设以"固本"，统筹推动河、田、林系统保护和治理，探索建立生态保护"三长"融合管理体系以"培元"，推动河湖管护创新升级，与乡村振兴实现同频共振。

(二)"守正笃实"是幸福河湖高效建设的不二法宝

幸福河湖建设是习近平总书记关于"建设造福人民的幸福河"的重要指示，是推动乡村振兴的有力支撑。水梨村通过构建水系蓝网、开展河道综合整治工程、修复河湖自然生态系统、赋能科技提升治水效能、传承水文化脉络拼好"绿水"图,以"守正笃实,久久为功"的治水精神,为实现乡村振兴提供水生态保障。

(三)"凝心筑魂"是河湖长制持续发展的"密码本"

河湖长制工作的核心理念是"以人为本、人水和谐",推动幸福河湖建设、乡村振兴高质量发展的关键也在人。水梨村联动部门"协同治水"、驱动企业"责任治水"、带动游客"实践治水"、拉动群众"合力治水",坚定治水决心,构筑"绿水之魂",持续推动河湖长制工作见实见效,让"美丽河湖"不断向"幸福河湖"汇流,有力有效推进乡村全面振兴。

守水清岸绿　护景美人和

——郫都区强化徐堰河综合治理　推动生态价值转换*

【摘　要】郫都区以河长制为抓手，深入开展徐堰河流域水环境治理和水生态保护，建成集视频监控、水质监测、预警预报于一体的信息化管理系统，建立激励考核机制，实现水环境问题高效治理和长效管护。通过系统治理，徐堰河水质现稳定达到地表水Ⅱ类标准，26条汇水支流水质均稳定达到地表水Ⅲ类标准，有力保障了成都千万市民饮用水安全。如今的徐堰河水生态环境明显提升，生物多样性逐年丰富，绿色转化路径不断拓宽，依托流域绿色家底，推动区域生态农业、有机食品、生态旅游等新兴生态经济产业发展，实现生态效益、经济效益、社会效益"三提升"，实现了生态保护与经济发展"双赢"。

【关键词】　河长制　饮用水源保护　生态价值转换

【引　言】全面推行河长制，是以习近平同志为核心的党中央从人与自然和谐共生的战略高度作出的重大决策部署，是推进生态文明建设的重大举措。郫都区坚决扛牢饮水源保护政治责任，落实河长履职，坚持生态优先、绿色发展，久久为功推进徐堰河流域水环境治理、水生态价值转换，为进一步落实"绿水青山就是金山银山"转换理念提供借鉴。

一、背景情况

郫都区位于成都市西北，生态本底优越，上风上水、八河并流，是都江堰精华灌区，幅员面积 $395km^2$，辖10个街道（镇），常住人口139万人。2023年，郫都区实现地区生产总值787.5亿元，连年跻身全国百强区，相继获评"全国十佳生态文明城市""国家节水型社会建设达标区""国家生态文明建设示范区"等荣誉称号。

徐堰河为岷江一级支流，自西北走石山流入郫都区境内，东至石堤

---

* 成都市郫都区河长制办公室供稿。

堰分府河和毗河,全长约 27.2km,河道宽度上段为 30m,下段为 40m,比降 3.2‰,常年来水量约 65.5m³/s,河深约 2.5m。徐堰河作为全市最重要饮用水水源地,承担着成都市主城区 90% 以上的供水任务,河流水质常年保持 II 类标准。

二、突出问题

徐堰河流域基于历史上川西乡村聚落形态和产业发展方式,城镇体系结构和功能分区不尽合理,尤其是 2012 年以前,随着经济的快速发展和城镇化进程的不断加快,人为活动的过度干扰,造成流域生物多样性单一,生态功能弱化。生活污水和生产废水排放量较大,沿河 500m 范围内有工业企业等污染源 103 家,污水管网等基础设施配套不完善,7000 余户原住居民生活污水未得到有效收集治理,在 2014 年水环境问题专项排查整治中,仅唐昌镇就存在黑臭水体 12 条,入河排污口近千个。农业农村面源污染管控较为薄弱,流域内共养殖生猪 1.75 万头、禽类 14.8 万羽,氨氮、总磷污染物年产生量分别达到 42.2 吨、16.9 吨。在这段时期,柏木河等重要支流水质部分时段甚至下降至劣 V 类,对徐堰河水源地安全和水生态环境造成极大威胁。

三、主要做法

2012 年以来,郫都区深入开展徐堰河全域治理,以水资源保障、水环境治理和水生态修复为抓手,落实河长责任,突出环境与健康风险管控、生态价值转化、碳汇资源开发等重点工作,持续擦亮天府水源地城市名片,徐堰河在擘画人与自然和谐共生美好愿景中欢畅流淌。

(一)实施碧水攻坚,巩固"岷江水润、瑞雪千秋"大美景象

(1) 建立健全常态化管理体系。严格落实河长履职,扛牢饮用水源保护责任。编制郫都区徐堰河"一河一策"管理保护方案,制定考核激励方案、河道及绿道管理考核办法,每年设立 1.16 亿元流域生态补偿激励考核资金,专项用于徐堰河、柏条河流域水环境治理和水生态保护;在徐堰河跨河桥梁、重点河段等节点安装视频监控 167 个,设置水质自动监测站 6 座,智能截污闸 1 座,组成集视频监控、水质监测、预警预

报于一体的信息化管理系统,实现水环境问题处置高效流转和无隙衔接。

(2) 深入推进水生态环境治理。先后投入资金约34.33亿元,深入推进徐堰河流域水生态环境综合整治。依法生态搬迁原住居民1012户、3259人;关闭调迁工业企业40家,拆除工具房16处,关闭农家乐3家、餐饮经营户37家、洗车场6家、汽修厂1家;先后实施唐昌第二污水处理厂、唐昌片区排水户与排水管网治理等项目,关停唐昌临时应急污水处理设施,镇域内污水引至安德处理排放,建成污水管网约120km,1000余个入河排污口得到彻底整治;实施农村"三水共治",完成7719户农村厕所无害化改造,配套建设82套生活污水一体化治理设施,2206户集中居住院落生活污水治理全覆盖。

(3) 持续发力农业面源污染防控。编制《成都市郫都区畜禽养殖污染防治规划》,将徐堰河岸线100m范围划定为禁养区。2018年,关闭或搬迁徐堰河流域内畜禽规模养殖场(户)285家,减少生猪养殖1.75万头,禽类14.8万羽。制定《郫都区绿色防控示范项目实施方案》,建成农用废弃物回收归集示范村1个,水稻病虫害绿色防控核心示范基地1200亩,蔬菜示范基地1000亩,化肥农药减量增效核心示范基地2000亩,流域内20户约220亩水产养殖尾水均达到管控标准。

(二)夯实生态本底,呈现"茂林修竹、美田弥望"大美形态

(1) 推进湿地保护修复。实施徐堰河生态缓冲带建设项目,利用徐堰河沿河沟渠、堰塘和林地等湿地雏形,有序适度开展自然恢复和人工修复,逐步建立集中连片的湿地体系,建成生态涵养湿地3576亩,水源涵养林约1万亩,培育生态缓冲带约$9.4km^2$,形成较为完整的陆域和水域相互作用的湿地生态系统。

(2) 开展生态监测与评估。开展徐堰河河流健康评价工作,编制郫都区徐堰河生态监测工作方案(2022—2025年),进行流域内水生生物调查监测以及遥感影像解译和样方样地调查,汇算水生态环境质量综合评价指数,定量评估流域内植物丰度、动物种类、水源水质等变化情况,为实施水生态保护与修复、强化生态环境监管、推动生态价值多元转化提供了技术支撑。

(3) 促进物种多样性保护。立足徐堰河生态功能，建立定期调查监测计划，对人为活动影响、植物生长、动物繁衍栖息、水质变化情况进行调查监测。建成 10 余个红外线自动相机监测样线，对野生（水生）动物种类和物种多样性进行监测调查，科学开展外来入侵物种清理、野生物种种群存续和筛选工作，将徐堰河流域打造成川西坝子"生物多样性宝库"。

（三）释放生态红利，推动"绿水青山"向"金山银山"价值转化

(1) 深化农旅融合发展，助力乡村振兴。抓住被列为国家城乡融合发展示范区契机，推进汉康农业示范走廊建设，打造大地景观 5000 亩，修复川西林盘 10 个，建成乡村郊野主题公园、50 余 km 乡村绿道，培育水源保护与科普教育、农事体验、赏花品果、采摘游乐、农耕文化展现等新业态，构建"田成方、树成簇、水成网"的乡村田园锦绣画卷，2024 年成都世界园艺博览会郫都分会场落户徐堰河畔。依托徐堰河流域良好生态本底，成立水源地股份经济合作社，创新"合作社＋小农户、家庭农场＋小农户、种植大户＋小农户、集体经济组织＋小农户"种植模式，打造以"云桥圆根萝卜""唐元韭黄"为代表的"天府水源地"有机农产品品牌 1000 余个，认证"三品一标"农产品和备案产品 106 个。

(2) 强化环境健康管理，赋能产业发展。聚焦徐堰河流域"绿色本底"，因地制宜打造环境健康示范场景和细胞工程，培育云桥村、青杠树村为代表的"环境健康＋产业"示范点，启动实施地表水全氟烷基化合物等新污染物高通量筛查与抗生素抗性基因分析，基于区域湿地生态系统、农田生态系统、林盘生态系统单位面积价值，探索构建体现环境健康价值的生态产品总值（GEP）核算。2021 年，经生态环境部华南所核算，云桥村生态系统服务功能价值达 1.743 亿元、青杠树村达 10.64 亿元。

(3) 试点生态碳汇交易，拓宽发展空间。2022 年 11 月，郫都区基于徐堰河多年保护成果，结合成都"碳惠天府"机制建设，以流域岸线林地碳汇核算为基础，通过川西林盘、湿地等生态资源核查比对和碳减排数据评估，成功开发川西林盘、两河绿道、湖泊湿地、测土配方施肥 4 类碳减排项目13个，碳减排量达6470吨，以27.8万元在四川联合环境交易所成功交易，成为全市"碳惠天府"机制发布后首例生态类碳汇交易，撬动开发碳减排项目30个，核算可交易碳汇量达31948吨，15家企事业单位累计认购碳减排量超2万吨，全部用于抵消工业园区部分碳排放量，助力企业绿色低碳发展。

四、治理成效

（一）水环境质量稳步提升

自河长制工作建立以来，徐堰河流域工业及农业农村面源污染防治成效明显，103家工业企业、农家乐全部清零，34个村（社区）生活污水有效治理率达100%，畜禽养殖氨氮、总磷污染负荷分别下降至5.8吨每年、3.1吨每年，全部实现资源化利用，水产绿色健康养殖达100%，区域内黑臭水体全面清零；主要农作物绿色防控覆盖率达66%，农膜回收利用处置率达80.8%，废弃农药包装物回收率达90%。徐堰河85项水源地补充和特定项目稳定达到地表水Ⅱ类标准，26条汇水支流水质均稳定达到地表水Ⅲ类，柏木河稳定达到地表水Ⅱ类标准，氨氮、总磷较2015年7月分别下降187%、1780%，有力保障了成都市区上千万市民饮用水安全。

（二）生物多样性逐年丰富

郫都区通过实施增花添彩、亮水活水、增绿织景"三大行动"，协同推进生物多样性保护。经调查监测，徐堰河水生生物、鱼类物种数、植被覆盖度等较2021年有所增加，自然生态岸线比例超95%，流域内数十个湿地生态功能日趋稳定，以云桥湿地为代表的湿地生态系统成为成都生物多样性保护典范，有记录的高等植物从118种上升至353种，脊椎动物种类从130种增加到220种（包括成都特有鱼类蓝吻鳑鲏等），观察记录成都平原首例灰喉鸦雀和噪大苇莺繁殖行为，成功入选生态环境部2023年生物多样性保护优秀案例。

（三）绿色转化路径不断拓宽

郫都区统筹水生态保护和经济社会发展，培育壮大绿色发展新动能。

2022年，全区特色种植业、农产品加工业实现产值240亿元，唐昌精彩战旗以及三道堰青杠树村等成为成都市民出游休闲的网红地，年接待游客400万人次以上，流域内休闲农业与乡村旅游收入19.6亿元。完成流域环境健康价值产出核算，开发可持续运营20年碳减排项目30个，核算可交易碳汇量达31948吨，全部用于近零碳园区试点建设，实现工业碳排放量部分抵消，项目入选成都市2023年第一批要素市场化配置综合改革试点并获评2023年"美丽成都建设"优秀案例。

五、经验启示

（一）深入践行"绿水青山就是金山银山"理念是推进生态文明建设的基本遵循

郫都区作为成都重要的生态涵养区和饮用水水源保护区，深入践行"绿水青山就是金山银山"的理念，坚持生态优先、绿色发展，从"国之大者"政治高度全面推行河长制，自觉肩负保护水资源、防治水污染、改善水环境、修复水生态的重大责任，以资源整合盘活徐堰河流域"绿色家底"，实现生态效益、经济效益、社会效益"三提升"，实现了饮用水水源保护与经济社会的协调发展。

（二）用好用活多渠道资金是推进水生态环境保护的重要引擎

郫都区用活用好市级激励资金、区财政资金，建立生态保护补偿机制和河道管护长效机制，深入推进徐堰河流域水生态环境综合整治。制定《郫都区关于加快生态价值多元转化助推经济高质量发展的决定》《郫都区徐堰河、柏条河、府河河道及绿道管理考核办法》，明确支持水生态文明建设的发展重点和保障要求，充分发挥财政资金引导撬动功能，调动社会各界力量和群众参与护水巡查管护、绿色转型、低碳发展、宣传教育、服务引导的积极性，形成共同推进水生态环境保护的强大合力。

（三）发挥生态本底优势是推进生态产品价值转化的有力支撑

郫都区发挥地处成都"上风上水"的良好生态本底优势，注重挖掘水生态环境中蕴含的经济价值，将生态优势转变为经济优势，推动绿水青山中蕴含的生态产品价值合理高效变现。抓住国家城乡融合发展试验区建设契机,坚持"在保护中发展、在发展中保护",创新"公司＋基地＋农户"模式,大力发展高端种业、优质粮油、绿色蔬菜等特色农业,融合发展乡村旅游业,探索以徐堰河流域生态产品价值(GEP)和生态碳汇核算为切入口试点生态碳汇交易,促进生态价值转化,走出了一条水生态环境保护与绿色低碳协同发展之路。

古堰善治　让绿水流淌成金银河

——都江堰市以河长制为抓手　推进人水城相融发展*

【摘　要】 都江堰横跨岷沱两江，是成都平原重要的水源涵养地和水生态屏障，都江堰市各级河长和部门始终牢记习近平生态文明思想，以河长制六大任务为抓手推进河湖生态治理，以上善若水的理念将古堰之水善治、善为、善作、善用，以双赢驱动生态优先与经济发展的有机统一，让绿水流淌成金银河的同时，赋予都江堰市民与外来贵客温暖幸福之感。这既是当代堰工精神的传承发展，更是"绿水青山就是金山银山"的具体实践。

【关键词】 古堰善治　生态经济　千年文化　温暖幸福

【引　言】 习近平总书记提出"绿水青山就是金山银山"与"构筑山水林田湖生命共同体"的科学论断。都江堰市委市政府遵循顺应自然、师法自然的原则，践行新时代的堰工精神，将河长制与水文化、水产业契合，将古堰善治，传承古堰千年文化，远播"拜水都江堰"之美誉，推动生态价值与经济价值的双赢，努力实现人与自然的和谐共生，不断提高群众的获得感、幸福感和安全感。

一、背景情况

都江堰市水系发达，横跨岷、沱江流域，河道水系情况复杂，水资源较为丰富。作为一座因堰而起、因水而兴的城市，两千年后的都江堰因盲目的经济发展、剧增的本地人口和外来游客、城市基础设施老旧破损等原因，都江堰的河湖一时之间出现了污水乱排、河道侵占、砂石盗采、古堰文化没落等多种问题。

二、主要做法及成效

为了让都江堰永葆青春活力，都江堰市将河长制和生态经济深度融

---

* 都江堰市河长制办公室供稿。

合，运用亮河边、治污攻坚、铁腕治砂等利剑手段护水安澜，传承发展传统水文化并建设新时代高质量水利风景区以款待四方来客，用好水产业让市民吃上生态饭，探索走出一条文明发展道路。

（一）善治——从治水到知水，不断推进对生态文明建设的认知和实践

1. 厚植以水治水的上善理念

都江堰市以全省1.6%的水资源支撑了28%的人口，作为成都平原水源涵养地，都江堰一直发挥着防洪灌溉供水的作用，并向下游7市40县输水，灌溉面积1154.8万亩，全方位为2800余万人的生活、生产及生态供水提供服务，锦江流域都江堰段持续保持Ⅱ类水质，优良水体达标率100%，体现了都江堰遵循的科学原理与自然和谐相得益彰的治水理念。

2. 涵养知水惜水的实干能力

都江堰市坚持节水优先，深入推进农业水价综合改革，建成高标准农田23.65万亩，推动节水型企业创建，建成重点行业节水型企业8家，荣获"全国第六批节水型社会建设达标县"。现有17座千吨级以上污水处理厂出水水质达到城市污水再生利用景观环境用水水质要求，用于补给河道还水和生态用水，提高了再生水利用率。都江堰段43座水电站生态下泄流量也即时监管，全力确保生态环境用水。

（二）善为——从"复碧"到"护碧"，迎来碧满都江堰的生态奇迹

1. 以责为先，扛起"复碧"使命

一条条河流，都流向幸福的方向。守护好一江碧水，是都江堰人一直以来的行动和永无止境的追求。都江堰市动态优化设置县、镇、村三级河长495名，片区河道警长12名，巡河队员115名，初步构建"河长＋警长＋护河员"的管理体系，联动推进流域综合整治。通过严格监管考核，开展检查和明察暗访，形成全流域网格化管理，倒逼河长提升履职水平。

2. 以智为本，建立"护碧"长效机制

开展水生态治理，离不开体制机制保障。都江堰市以制度建设、评估考核、联防联控为抓手，切实织好这张"绿水网"。通过强化监督检查和考核评估，将河长制管理工作纳入政府目标管理，并聘请社会监督员，

建立联合验收检查组，对全市河长制工作严格开展检查考评。在打铁自身硬的前提下进一步健全跨界河湖联防联控机制，加强与都江堰灌区管理单位和下游区（市、县）协作，强化信息互通联动协作，筑牢跨界河湖水环境管护。

3. 以绩为要，绘就"碧水"底色

一泓清水，用之不觉，失之难存。都江堰这幅秀美的生态画卷，不仅浓缩着河道治理的历程，也映射出生态文明建设的逻辑。

（1）通堵点——狠抓"四乱"清理，保护水润本底。实施"清河净滩"行动、"亮河边"工程，累计打捞河、渠、库漂浮物2056.7吨，清理河岸垃圾1009.9吨、河道淤泥约9021吨，实现市域黑臭水体"动态清零"。新建城乡绿道338km，锦江绿道都江堰段全线贯通，新增城市绿地225.19万hm^2，加速形成玉堂新城日新月异、水映青山、拥江发展的城市新格局，通过构建"一轴三园多景"，串联三处小游园和上善熙等大型商圈，植入水文化和灌溉文化元素，营造出游憩、消费、休闲、运动于一体的生态宜居水岸。

（2）疏痛点——强化截污控源，打好污染防治攻坚战。严控企业及养殖污水直排入河，100%配套规模养殖场粪污处理设施，全市畜禽粪污综合利用率达100%。投入7.14亿元资金全力提升污水处理能力，同比2016年底提高了89.68%，出水达到DB51/2311—2016《四川省岷江、沱江流域水污染物排放标准》，2023年年底，城区污水处理率从87.12%提升到94.05%，乡镇污水处理率从71.19%提升到82.11%。同时投入资金6.267亿元，普查市政排水管网376.6km，管网检测211.33km，病害治理165.7km，构建"七横二十七纵"覆盖城乡的管网体系。

（3）消盲点——铁腕治砂，持续开展"联合利剑行动"。制定铁腕治砂十条，采用无人机技术对砂石盗采点位和下河码道进行锁定，从砂石资源"来源、堆放、运输、销售"环节入手，"堵两头，打中间"，拆除下河码道，取缔非法砂石堆料场，整顿砂石加工场及混凝土搅拌站，已查处涉嫌砂石盗采案件172件，并引进智慧监管平台，实现作业机具、砂石车辆全过程监管，在河道关键入口部署移动式智慧路障，监管水平显著提升。

(三)善作——聚焦精准、强化创新,讲好人民满意的幸福河流故事

1. 下好"先手棋",练就过硬真本领

创新是引领发展的第一动力。都江堰市创新开展水生态旅游检察模式,探索建立"河长+警长+检察长+法院院长+水利工程管理单位"协作,在全省率先建立涉水公益诉讼保护协作和预防性公益诉讼机制,形成了"司法+行政"促进水利工程系统保护、水生态环境系统治理新格局。挂牌成立全国首个生态旅游检察联络室。检察院以"定点派驻+巡回检察"模式开展生态旅游检察,并通过联席会议、联合调查、联合督办、信息共享等机制,推进"长江流域岷江水源"生态环境保护,已办理生态环境资源领域案件73件,其中审查逮捕34件98人,审查起诉39件105人。建立跨市州联动机制,在都江堰市挂牌组建成都与阿坝、眉山、乐山、宜宾岷江流域生态环境资源保护检察联盟,形成齐抓共管、打击水生态领域违法犯罪行为的强大合力。

2. 弹好"协奏曲",讲好幸福河流故事

热火朝天的水利产业、川流不息的江河堰渠、获丰收的田间沃野、繁华热闹的城市街道,无一不让群众感受到生态之美和生活之好,这一切都离不开全民的广泛参与。通过链接水文化,让河长公示牌讲好河流故事,在全市设立316个河长公示牌,公示牌内容涵盖河道名称、起止点、河道长度和河流故事等信息,展现了河流的历史沿革和人文风情,这些美丽的变化,让"人水和谐,水城共融"的魅力水文化逐渐深入人心。同时,广泛动员群众参与河流故事的挖掘、投稿和修正,积极挖掘人民群众参与水文化建设的能力,形成共建共治共享的水环境治理格局。

(四)善用——不驰于空想、不骛于虚声,创造生态价值与经济价值的"双向奔赴"

1. 以旅游产业为火车头,激活当地经济产业长效发展

"水旱从人、碧波水清、茂林修竹、产业兴盛"的灌区盛景与田园画卷在都江堰高质量水利风景区建设、川西林盘保护、渠系整治和绿道建设等优化旅游环境工作开展后再现。投入2000万元对都江堰景区基础配套设施进行改造提升,充分挖掘水文化、古堰历史文化、道教文化等主题旅游产品,形成亲水主题旅游产品大游览环线,助力都江堰旅游文化

品牌打造。2023年全市接待游客突破2864万人次，旅游业总收入达398亿元，创历史新高，荣获全国县域旅游综合实力百强县第八名、中国县域旅游综合竞争力百强县第四名，天府旅游名县复核考评连续四年全省第一。

2. 生态高颜值、民生高福祉，让百姓吃上这碗"生态饭"

自河长制全面实施以来，绿水青山成色更亮、金山银山底色更足。全市拥有导游人员102人，景区讲解员540人，旅游从业人员8.9万人，"行、游、住、食、购、娱"六大基础产业要素规模逐步壮大，全市旅游业实现了持续快速健康发展。与此同时，如用水产业等"河长制＋水产业"也陆续兴起，"翡翠绿"的水吸引全国各地游客和企业家来都江堰旅游、定居、投资，集休闲农业、医疗服务、休闲娱乐、养生度假等功能为一体的田园康养综合体也正在形成，全市百姓也搭上了这趟生态持续向好的红利班车，吃上了这碗"生态饭"。

三、经验启示

（一）扭住河长制指挥棒，践行新时代堰工精神

先秦蜀郡太守李冰主持修建都江堰水利工程，实现了人、地、水三者高度协调统一。当代都江堰市各级河长全面落实河长制六大任务，牢固树立生态优先绿色发展理念，让河长的实效推动河长制工作有能有效，让河长的温度充盈山清水秀的自然生态，主动释放愿干事的积极性和能做事的实干性，主动践行新时代堰工精神，既担当起了成都平原水源涵养地的责任，又承担起让一江碧水绵延后世、惠泽子孙的重担，还肩负着古堰文化千年传承的使命。

（二）上善若水，以双赢驱动生态与发展的有机统一

敢于直面问题、勇于刮骨疗伤，坚持保护与发展两手抓，推进源头治理、综合治理、系统治理等清除河湖"顽疾"各项工作，围绕山水一体化、人居生态化的定位，依托生态资源，打牢以优美河湖生态为主要支撑的产业布局，将河湖生态优势转变为产业优势和可持续发展优势，做大做强生态旅游，发展壮大新兴水产业和田园康养综合体，用善治良治，换来金山银山与绿水青山相得益彰的局面，让群众真切地感受到绿

色发展的综合效益,让绿水流淌成金银河,实现治水成功的必然。

(三) 赋予古堰蓬勃新生机,群众游客温暖而幸福

水是都江堰市的灵魂,两千年前的古堰集灌溉防洪水运的功能滋润着成都平原,让古蜀人享受着沃野千里的幸福陆海,而今更是焕发新生机。都江堰讲好每条河流的故事,诉说河流的生命和历史,既让都江堰每一段河流都有责任人、沿途的生灵都有守护者,更让慕名而来的贵客明白这座城市的文化源远流长。让都江堰市民"拥生态""感温暖",让外来贵客"赏美景""享幸福",推进全民共建共治共享幸福河湖氛围,促成全市形成上下联动、齐抓共管、社会广泛参与的爱水惜水护水新格局,最终润泽出人民满意、来客温暖、群众幸福的美丽家园。

水美乡村富民记

——蒲江县以河长制为抓手助力乡村振兴探索实践[*]

【摘　要】　蒲江县以全面推行河长制为抓手，按照成都市水美乡村"七有"创建标准，以明月村、麟凤村为支点建设水美乡村，以点带面推动全县将水资源、水生态、水文化、水管理、水安全统筹起来，结合产业因地制宜打造一批水清岸绿、河畅景美、水村相融、人水和谐的各美其美、美美与共的水美乡村，助力乡村振兴战略，是"绿水青山就是金山银山"的具体实践。

【关键词】　河长制　水美乡村　乡村振兴

【引　言】　习近平总书记指出，保护江河湖泊，事关人民群众福祉，事关中华民族长远发展。蒲江县按照"以水美村、以水兴业、以水富民"的发展思路，结合地域特色和资源禀赋，将河长制和乡村振兴战略深度融合，依托生态（渠道）廊道、川西林盘、灌区现代化改造、高效节水灌溉等项目规划，结合蒲江果、茶、渔、竹等特色产业，打造集生态农业、观光旅游为一体、村居与水文化景观相融合的水美乡村，走出了一条绿色生态乡村振兴之路。

一、背景情况

蒲江县位于成都、眉山、雅安三市交汇处，幅员面积583km²，总人口28万人。2017年以来，蒲江县立足乡村振兴战略全局，以全面推行河长制为抓手，以明月村、麟凤村为支点建设"河畅、水清、岸绿、景美"的水美乡村，构建了人与自然和谐共生的乡村发展新格局，实现百姓富、农村美相统一，助力乡村振兴。

---

*　成都市蒲江县河长制办公室供稿。

二、主要做法

（一）以水为领作规划，水清月更明，贫困村蝶变水美新村

蒲江县甘溪镇明月村，曾经的市级贫困村，村民收入低、村容村貌差，"晴天水如油，雨天臭水流"是明月村当时的写照。如何改善生态环境又要发展经济，做到既要金山银山又要绿水青山，明月村必须迎难而上。

1. 以规领水清

明月村以水为领作规划，通过河长制＋乡村小联动全面梳理整治农村水系。一是清淤疏浚保"河畅"。把全村河渠和小型蓄水工程全部纳入河长制管理，全面开展河渠清淤疏浚。二是源头控制护"水清"。结合林盘和散居院落"改厨、改水、改厕、改圈"，新建微污设施5座，人工湿地3处，全村户厕无害化改造全覆盖，生活污水处理覆盖率达90%。三是垃圾回收守"岸绿"。把河渠日常保洁纳入社会化服务外包，建成景观化垃圾收集点16个、奥北可回收物自助投放点2个，并通过公益环保晨跑（捡垃圾）活动营造垃圾清运氛围。四是生态河渠筑"景美"。在保障防洪、灌溉功能前提下，梳理整治渠道11.4km，配套沿渠绿道6.08km，新建生活配套驿站3座，串联古桥古堰、谌塝塝卵石滩、环湖竹林路及田园、林盘、新村、院落等田园景观。

2. 水清月更明

明月村通过农村水系整治，潺潺清流孕育了7000亩雷竹、2000亩茶园和1000亩马尾松林，形成了良好水生态本底，也焕发了艺术乡村的新风貌。一是依托明月古窑，打造明月国际陶艺村。以陶艺手工艺文创园区为核心，引进文创项目24个及文化创客100余位，形成以"陶艺手工艺"为特色的文创项目集群和文化创客聚落，实现文化传承、生态保护、产业发展、农民增收的和谐统一。二是筑牢林盘根基，微村落里共同创业。坚持产村相融、四态融合理念，修护川西韵味林盘28个，建成占地77亩的明月新村和瓦窑山、谌塝塝老村民创业区2个，形成以林盘居民创客院落融合成新、旧相映生辉的创业微村落。三是以文化传承，铸乡村振兴之魂。将明月窑陶艺列入非物质文化遗产保护名录，常态化开展摄影分享会、民谣音乐会等活动,激发村民的文化自信,让村庄焕发新活力。

3. 月明民开颜

"当初看中明月村,是因为规划好,但能够在这里定居、发展,主要是这里有得天独厚的自然资源。"中国工美行业艺术大师李清这样说道。明月村结合农村水系综合整治,把明月窑、谌塝塝微村落等文创院落与茶山、竹海有机串联起来,形成了良好生态本底,焕发出了艺术化的乡村新风貌,使村民对"明月村"有了更多的获得感、幸福感,明月村成了名副其实的理想村。2019年,全村接待游客60万人次,乡村旅游总收入逾1亿元。同时,从旅游收入中拿出专项经费整治水环境,形成了长效的良性循环。如今的明月村,获评"2018十大中国最美乡村"、第五届全国文明村镇、首批全国乡村旅游重点村、2019年中国美丽休闲乡村、全国乡村治理示范村等荣誉。

(二)河长统筹抓管理,景美麟凤来,旧村房嬗变水美民宿

麟凤村以茶叶种植为主,产业形式单一,竞争优势不明显,老百姓收入低。如何把自然生态禀赋实现价值转换,发展为经济增长点,带动乡村三产融合发展,做到"绿水青山就是金山银山",麟凤村必须乘势而上。

1. 河长促景美

麟凤村村级河长、民间河长、党员河长齐上阵,健全自我管理长效机制,既保护好河流"主动脉",也保护好"毛细血管"。一是河长融入民约"自发管"。将河长制管理纳入村规民约,对村域内山水林田开展"五大管控"。综合治理水域环境,自觉控肥减药,减少农业投入品对河渠污染;自动规范养殖,杜绝养殖粪污下河;自觉加强林盘巡查保护,保障生态本底;自发对河道沿线违法建设监督,杜绝侵占水渠;自发组建保洁队伍,每日巡查确保水域周边环境洁净。二是乡村美学助推"品质管"。发挥本地群众对民宿、花卉的设计理念,把环境建设与形态塑造结合起来发展民宿10家;将废旧弃树根、桩头以及生活用品等通过美学造型转化为生活享受;开展"庭院展""苗木盆景展""根雕展"等活动,以户为单元将庭院建成精致农舍,连成一片片"风景"。三是星级荣誉激活"自觉管"。设立"荣辱榜"定期评出先进和落后家庭,在村口最显眼的公开栏内设有一面"星级墙",用照片直观"晒"出各家的卫生环境整治情况,并对各家进行星级评分。一面"星级墙"激活了村民共享的自觉性,一张"荣辱榜"调动了群众长期参与的积极性,在长效机制作用下,追求"美丽"已成为每个麟凤村民的自觉行动。

2. 景美麟凤来

麟凤村充分发挥绿道和林盘建设"引爆点",将河长制与乡村旅游有机结合。一是精心打造,升级水美之韵。以水美乡村创建为载体,重点打造滨水景观、艺文中心等印象麟凤的旅游景点,呈现生态环境好、田园山水美的水美乡村。二是整合土地,筑起引凤之巢。以"点状供地"方式在蒲江县率先探索6宗宅基地使用权自愿有偿退出与利用,盘活宅基地约15亩发展旅游产业。现有集聚游学体验基地4个、特色餐饮20余家、手工制茶5家、花卉园艺3家、"新旅游8·潮成都"主题旅游目的地3家。三是扫径以待,共享麟凤之美。以"花香传出去,游客请进来"的思路,探索"农家体验游"等新旅游模式,开发"乡村夜间经济",通过发展川西风格民宿,把"日间游"向"夜间游"延伸。截至2019年,吸引游客15万人次,旅游总收入逾1500万元。

3. 麟凤暖新巢

麟凤村充分发挥民宿群体在农村人居环境整治的示范引领作用,吸引市场主体积极参与人居环境整治提升,激发群众主动参与人居环境管理热情,以长效机制保障河长制落实,实现了从"冷眼观"到"拍手赞"、"袖手看"到"动手干"的转变。如今,一条红绿相间的绿道从麟凤新村穿过,一条条木制栈道和石板步道向茶山深处延伸。沿线清澈的小溪、起伏的茶山、幽深的马尾松林与110幢川西民居风格的农民新型居住区有机融合,是名副其实的景美别墅村,绘就出一幅美丽的"富春山居图"。

(三)以点带面全实施,蒲江绿水秀,农业县掀起乡村振兴巨浪

河湖要治理好,必须明确问题在水里,源头在岸上,岸在人脚下。蒲江县全方位、多层次、多形式开展河长制工作,推进水资源、水生态、水文化、水管理、水安全"五水共建",统筹山水林田湖草治理,建设各美其美、美美与共的水美乡村，助力乡村振兴战略。

1. 亿元战水污

近年来，蒲江县围绕水美乡村建设目标，投入1.6亿元实施水库病害整治、河渠水毁修复、渠道生态治理；投资8.7亿元扩建污水处理厂，配套雨污水管网，实施污水处理厂提标改造；投资2亿元实施现代化灌区改造、农业高效节水项目和土地耕地质量提升，全面实现水土共治；投资1亿元建成来龙沟河滨湿地公园，全域推进新村绿化、美化。

2. 蒲江绿水秀

全面推进"垃圾、污水、厕所"三大革命，建立生活垃圾"户分类、村收集、镇转运、县处理"模式，8个镇（街道）及85%以上行政村正积极推进垃圾分类，生活垃圾无害化处理率达99.3%。采用PPP模式全面推进污水处理厂及配套管网建设，城镇及周边农村污水处理率达86%以上；20户以上聚居新村生活污水集中处理设施覆盖率达80%以上。全县建成临溪河乡村生态休闲走廊、甘成路茶园陶艺体验走廊、成新蒲都市农业观光走廊3条新村典范走廊，全域提升了水美本底。

3. 绿水促振兴

蒲江县坚持生态优先、绿色发展，深入践行"绿水青山就是金山银山"理念，通过河长制治河成效，获评全国首批和全省唯一的国家生态文明建设示范县，全省实施乡村振兴战略先进县，成功创建市级"水美乡村"8个，其中明月村、麟凤村被评为全市"水美乡村"示范村。2019年，全县农民人均可支配收入23788元，排位全省第9位，获评成都"全市农民增收工作先进县"。蒲江县通过大力创建农民满意、农民受益的水美乡村，人居环境持续改善，全县各村（社区）颜值大幅提升，促进了生态价值转化，实实在在地推动了乡村振兴战略落地落实。

三、经验启示

（一）满足人民对美好生态环境的需要，坚持治水为民

良好生态环境是最普惠的民生福祉，致力于满足人民对优质水资源、健康水生态、宜居水环境的美好生活向往，统筹解决好河湖治理问题，必须坚持生态惠民、生态利民、生态为民。蒲江县把解决人民群众关切

的河湖水质改善问题放在突出位置，以全面推行河长制为契机，带领村民投身水美乡村建设，把脏乱差的河流打造成生态河、安全河、景观河、幸福河，从看得见、摸得着的变化中，让老百姓得到水美乡村建设的好处，真正让人民群众靠水兴业、依水兴旅、因水富足，显著增强了人民群众的安全感、获得感和幸福感。

（二）实现全县综合整治共建水美乡村，助力乡村振兴

蒲江县以全面推行河长制为抓手，推广明月村、麟凤村振兴经验，统筹控污、治水、护库、修渠、净土及育人，外治水文地理，内兴人文道德。统筹水库巩固提升、污水处理厂提标改造、现代化灌区改造、高效节水灌溉建设及沟堤整治绿化，为水美乡村建设和乡村振兴奠定水生态基础。统筹提升垃圾收集点、生活垃圾无害化处理、农村微污处理设施建设，将农村生活污水变成生态微景观，为水美乡村建设和乡村振兴夯实水环境保障。统筹山水林田湖草，实施旧村落、林盘生态打造，因地制宜打造治水兴民、因水而美的"一村一品一景"水美乡村，成为蒲江县用好水资源、做足水文章，带动当地产业发展和农民增收的成功范例，走出了一条绿色生态乡村振兴之路。

五、人水和谐 建设幸福河湖

烟火里的河
蜿蜒在公园城市的幸福脉络

——武侯区江安河幸福河湖蝶变记*

【摘　要】 成都市武侯区深入贯彻习近平生态文明思想,以建设人民群众满意的美丽幸福河湖为目标,坚持以"管"强基、以"治"控源、以"兴"提质的治水思路,以河长制为有力抓手,结合全区重大水生态工程建设、城市有机更新和文商旅体融合发展,开展系统治理、综合治理、源头治理,不断完善辖区河湖管护机制,努力把江安河打造成为"河畅、水清、岸绿、景美"样板河湖,不断提高沿河区域城市生态品质,形成了具有公园城市特色的长效治水、科学管水、生态兴水、全民护水新模式。江安河已然成为市民群众可进入、可观赏、可游玩的网红水生态公园,充分诠释了幸福河湖属性。

【关键词】 江安河　河长制　宜居水岸　幸福河湖

【引　言】 党的十八大以来,习近平总书记围绕生态文明建设作出一系列重要论断,自觉践行绿水青山就是金山银山理念,坚定不移走生态优先、绿色发展之路,成为城市发展热潮。在黄河流域生态保护和高质量发展座谈会上,习近平总书记更是发出建设造福人民的幸福河的伟大号召。党的二十大报告也提到,我国新时代生态文明建设的战略任务,总基调是推动绿色发展,促进人与自然和谐共生。成都市武侯区自2017年全面推行河长制以来,着力从组织体系和制度体系入手,综合施策、系统发力,积极构建目标明确、责任明晰、上下联动、协调有序、监管严格、保障有力的河湖管理保护体制机制,辖区水环境质量持续改善,水生态面貌蝶变新生,市民群众的获得感、幸福感和安全感不断增强。

---

*　成都市武侯区河长制办公室供稿。

一、背景情况

（一）江安河基本概况

武侯区江安河（以下简称"江安河"）起点为武侯区金花桥街道凉水井1组，终点为武侯区金花桥街道川西营村1组，长度约13.58km，宽度60～63m，流经武侯区金花桥、簇桥2个街道办事处，属都江堰自流灌区。江安河现状河道走势与规划基本一致，大部分河堤为硬质河堤，能满足防洪要求，常年水量较大，水质现状较好，达到地表水Ⅲ类标准。

（二）江安河存在的短板问题

江安河治理前，受河道自身短板和区域发展弱势的影响，主要存在以下问题。

一是河道防洪抗涝能力不足。江安河河道断面形式单一，沿线水文情况复杂，基本为直立式混凝土河堤、条石河堤、土质河堤等，防洪能力相对较弱。二是河道环境卫生较差。江安河流经区域主要是涉农区域，城市环卫管理体系还不健全，部分居民环保意识还有待提高，沿河垃圾清理不及时、雨季垃圾漂浮物堆积等问题时有发生。三是河道水质不稳定。城建基础设施薄弱，截污管道铺设不全，整治前河道水质较差，为劣Ⅴ类。四是河道生态价值缺少有效转换。江安河生态岸线不明显，绿植覆盖率低，沿岸几乎无景观风貌，区域的整体风貌和历史文化韵味不足，水生态价值缺少有效转换。五是人水和谐体系还未构建。受河道基础条件短板的限制，江安河在城市发展中扮演着单一的防洪排涝角色，河边无景、河岸无人，河湖水文化还比较薄弱，人水和谐程度较低。

（三）江安河现状

2018年，成都市武侯区启动宜居水岸一期江安河建设，总投资约7.73亿元，对江安河综合实施防洪排涝、水质治理及岸线生态环境打造等工程。经过系统治理，江安河沿线面貌焕然一新，水安全等级大幅升级、水资源配置深度优化、水健康程度逐步改善、水管理效能不断提高、水文化内涵持续丰富、水产业能级日益攀升，"可进入、可参与、景观化、景区式"的全景滨水空间已走入市民群众的日常生活中，让市民群众得以"慢下脚步、静下心来、亲近自然、感受水韵、享受生活"。

二、主要做法及成效

(一) 主要做法

一是治水先行,夯实水环境生态本底。根据武侯区的用地现状性质与城市空间布局特征,考虑水系生态系统的完整性,以"一河一策"的方针统筹规划,以"治水先行"的理念贯彻治理江安河水环境。针对下河排口污水错排这一核心问题,在江安河沿线埋设截污干管20余km,完成河道清淤疏浚7余万m³,大大减缓内源污染,彻底改善河道水质。经整治,河道水质由原来的劣Ⅴ类提升至Ⅲ类。

二是安全为要,提升河道防汛度汛能力。江安河沿线新建和改造河堤10余km,最大限度提升河道防洪排涝能力。同时,根据水文计算,在原河堤设计为100年一遇洪水位基础上增加1.5m左右安全距离,在200年一遇洪水位上仍有1m以上安全距离,并根据滨河步道在极端恶劣情况下可短暂淹没的原则,破除原有河堤向下降低1m,让市民游客更加亲水、近水。

三是塑岸筑景,提升公园城区水生态品质。江安河宜居水岸的打造,注重与锦城公园建设和城市更新的有机融合,沿线景观整治全长约14km,包括滨河单侧50~200m,绿线范围内绿地约68万m²,相临接公园绿地、防护绿地,绿化率达60%~80%,累计拆迁住户、企业200余户,拆迁面积近1000亩,倾力打造小游园10余处,全方位打造沿河自然生态景观,重构乐水宜居共生体系。

四是彰显魅力,深度挖掘本土水文化内涵。基于武侯本土,挖掘三国蜀汉文化、丝路商贸文化以及民俗艺术文创,定位江安河以"文创旅游"为核心的文化主轴线。沿江安河设计建设"蜀宫琴台、江安草堂、运动公园、水文化艺术墙"等体现武侯特色的文旅设施10余处,不断提升河岸景观带的可观赏性,为市民营造出幸福美好生活场景。

五是产业升级,探索水生态价值转换路径。利用修缮保留建筑,沿江安河精心设计建设"供销社""粮站""台地花海""草阶剧场""架空栈道"等特色点位10余处;在沿河重点节点筹建儿童游乐、运动健身以及农业与田园观光有机融合的绿色消费场景，最大限度缩小商业载体与休闲区域的空间距离，助推沿河区域业态转型升级和产业发展。

六是绿色开放，全力打造人水和谐共生体系。始终不忘市民群众对"水清岸绿"的期盼，在江安河沿线采取设立安保岗、流动管护队、便民服务点等举措，强化沿线绿植管护、保洁服务，让河水常清、美景常在；始终不忘市民群众对"美好生活"的期盼，以智慧水务建设为抓手，开发面向市民群众参与使用的"武侯护水达人"微信小程序，开通群众投诉建议快速通道，充分营造人人都当河长、事事及时解决的全民参与良好氛围，让市民群众真正参与河湖管护、享受河湖美景、感受河湖魅力。

（二）取得成效

一是打造水润灵动江安，筑牢河畅水清的生态本底。彻底改善河道水质，恢复河流生态功能，重塑水清岸绿生态本底。坚持水系畅达。围绕水系通连更加优化、水安全更加托底目标，对江安河武侯段实施水质综合治理，进一步提高江安河水系功能。坚持水网畅通。以水网布局合理为基础，通过对江安河河道水流量进行精细化管控，全时段保障生态流量充沛，实现城中有园、园中有河、河外有渠、水润百园的水网结构。坚持绿道畅行。以江安河水系为脉络，将绿道慢行系统沿水系全面贯通，新建绿道、骑行道 30 余 km，大力构建绿色畅行网络，实现与天府绿道无缝衔接。

二是构建岸绿景美形态，营造惬意宜居的生活场景。推动河道与岸线、治水与筑景有机统一，着力构建幸福河湖宜居生态格局。打造绿色生态系统。迁移河岸散居户、淘汰落后小作坊，倾力打造绿道、小游园、微绿地等绿色生态系统 10 余处，有效缓解城区人口密度、推动城市品质提升。构建智慧韧性城区。通过链接江安河沿线 54 处视频摄像头、9 处水质流量雨量自动监测站点、7 处气象检测站点，构建全覆盖、全过程、全天候的河道水环境常态长效管理体系。推动人居环境改善。在沿河区域精心打造生态景观小品，在重要节点设计建设"蜀宫琴台、江安草堂、水文化艺术墙"等体现武侯特色的文旅设施，不断提升河岸景观带的可观赏性。

三是探索价值转换路径，激活绿色经济的发展势能。积极探索水生态价值转化路径,助推沿河区域业态转型升级和产业发展,重现水城共荣生态活力。统筹文旅融合发展。有机串联沿河现有景观节点(水韵天府、天府芙蓉园、金岛度假村、浓园艺术博览园等),推动文创项目连片成势。营造新型消费场景。充分发挥水环境引流聚人作用,沿江安河打造约 4 万 m^2 的现代农业旅游项目,大力发展运动公园、体验农业等新兴形态,加快培育绿色经济产业带。实现水生态价值转换。持续优化滨水空间优美形态,以蓝绿一体的生态基脉引流聚人,构建特色文化凸显、区域经济联动、文商旅有机融合的绿色经济产业轴,推动水生态价值可持续转换。

三、经验启示

(一)坚持治水管河与生态修复并重,让河畅水清成为最生态的本底

让河畅水清成为百姓家门口的风景,这既可提升广大群众的幸福感、获得感,也能助推城市水生态品质提升。突出重拳治水,加强河道动态排污整治,确保河道水质持续改善;突出智慧管水,不断深化拓展水务信息化管理手段,推动"水管理""水安全"大幅提升;突出生态修复,深入实施清河行动,对重点河道进行生态修复,进一步恢复河道自然净化功能,彻底改善河道水质。

(二)坚持生态筑景与景点串联融合,让岸绿景美成为最普惠的民生

充分挖掘本土水环境发展优势,全方位打造沿河自然、历史和人文景观,这既是造福于民的重大举措,也是提升城市形象的具体行动。全力打造绿色生态系统,推动城市品质大幅提升;全面美化河岸景观,不断提升河岸景观带的可观赏性;串联文创项目连片成势,最大限度缩小商业载体与休闲区域的空间距离,不断提升游客滨水赏景的便利性和舒适感。

(三)坚持价值转化与业态培育互通,让绿色经济成为最可持续的产业

将人文历史底蕴融入水生态建设全过程,在河道沿线打造体现本地特色的文创节点,这既是挖掘水生态价值的创新之举,也是推动绿色产

业可持续发展的务实之举。精心打造文商旅体设施，带动沿河片区特色产业聚集，实现文商旅体融合发展；积极培育招引文创产业，充分发挥水生态绿色经济效益，加大文创产业的招引力度，吸引知名企业落地投资，积极创建绿色经济产业带，探索水生态价值提升路径。

创新水生态修复
打造新"顶流"公园

——成华区以河长制为抓手打造幸福河湖示范区*

【摘　要】　随着"绿水青山就是金山银山"理念的不断深入，生态环境与经济协调发展是各地积极探索的重要课题。自全面推行河长制以来，成都市成华区全面贯彻落实习近平生态文明思想，以北湖生态公园为重点，坚持生态价值转化目标，创新水生态技术修复方法，探索出了一条适合城市公园水体生态修复和"绿水青山就是金山银山"转化的有效路径，为建设公园城市示范区提供了可借鉴的"北湖"经验。

【关键词】　幸福河湖　北湖生态公园　生态价值

【引　言】　2022年2月国务院多部委联合印发的《成都建设践行新发展理念的公园城市示范区总体方案》中，明确提出要充分挖掘释放生态产品价值，推动生态优势转化为发展优势。2023年7月底，习近平总书记在四川考察调研时强调，四川是长江上游重要的水源涵养地、黄河上游重要的水源补给区，也是全球生物多样性保护重点地区，要把生态文明建设这篇大文章做好。幸福河湖建设与公园城市建设相辅相成，是生态文明建设不可分割的部分，成都市成华区把幸福河湖建设目标体现在北湖水生态修复治理中，让市民在共建共治共享中获得了幸福感。

一、背景情况

北湖位于四川省成都市成华区，隶属于成都市环城生态带，是"天府绿道"体系中熊猫绿道和锦城绿道的重要节点，是成都五城区内最大的人工湖泊，毗邻成都大熊猫繁育研究基地，也是北湖生态公园的核心

---

* 成都市成华区河长制办公室供稿。

资源，素有"观鸟天堂"之称。2004—2009年，北湖公园粗放式发展农家乐，带来大量生活污水、白色垃圾等问题，生态环境恶化，人水矛盾凸显；2010年北湖公园"闭园"修复生态，全面打好水污染治理攻坚战，经过8年沉淀，公园生态系统得到全面恢复，吸引了雁鸭、凤头潜鸭等50多种野生鸟类到此栖息生活，成为观鸟爱好者的"天堂"。

自2017年大力推行河湖长制以来，成都市成华区采取"截、清、治、修、管"五步联动对北湖水环境进行系统治理，建立长效管护机制，创新水生态修复等措施，让北湖水环境质量持续改善，围绕打造成都市民休闲娱乐首选地、国际旅游度假新名片的目标，将公园生态价值向社会价值、经济价值高质量持续有效转化。

治理后的北湖绿化面积近3000亩，是集水文化、鸟文化、竹文化、客家文化于一体的开放式生态园区，是成都市"中优"战略、公园城市建设的重要成果。先后荣获2020年四川省生态旅游示范区、2022年"成都市首届最美公园"称号。曾经的臭水湖，变成了人人热爱的生态湖。

二、主要做法

近年来，成华区以全面打好水污染治理攻坚战为契机，在北湖治理中坚持以人为本理念，把握公园生态价值转换效能与尺度，统筹当前和长远、功能和形态、整体和局部，推动"中环牵引、纵横联动、组团优强"发展策略实施，对北湖生态治理设计、构建、调控和维护，完善湖内水下生态系统的食物链；通过标本兼治、水生态修复、建立长效管理机制等方法，形成全面稳定的水生态平衡；并充分挖掘水生态、水文化价值，构建城市亲水空间，让北湖公园成为成都市民心中的新"顶流"生态公园。

（一）加强顶层设计，坚持水环境标本兼治

坚持党建引领，聘请环保专家对北湖进行科学研判，提出了标本兼治的科学方法，采取"截、清、治、修、管"五步联动对北湖水环境进行系统治理。通过"物理阻拦、湖底污泥清捞、湖区地貌肌理重塑、生态群落结构重建、长效维护服务"等多项工作，实现湖区水环境系统整治。

首先，沿龙青路两座跨湖桥洞设置了植物隔离屏障，有效阻挡上游

东风渠来水汇入携带的草籽、植物根茎以及其他漂浮物；其次，放水清理湖区，对湖底底泥进行消杀、翻耕，破坏原湖内藻类根茎，投放CBM菌种进行基础改良；再者，种植水兰、四季型苦草等沉水植物，重新构建水底植物群落。

（二）采取修复技术，重构健康水生态系统

水生态修复是一项长期而复杂的过程，成华区河长办委托第三方经过专业取样、科学分析和研判，制定系统的"食藻虫引导水体生态修复技术"方案，搭配经改良的四季常绿矮型苦草和其他沉水植物，构建"食藻虫-水下森林-水生动物-微生物群落"共生系统，通过虫控藻、鱼食虫等形成食物链。考虑水生植物的生态净化要求和物种的景观效果，配置不同高度、形态和季节性物种，种植沉水植物水兰875万株、改良刺苦草1871.5万株，四季矮型苦草2550.29万株，重构了"草型清水态"自净系统，实现水下可种植区域覆盖率达到90%以上。投放专业驯化的食藻虫15500L、CBM复合益生菌等38760L，投放鱼、虾、螺、贝类等水生动物，重构完整健康的水生态系统。实现水质生态净化、景观提升，以及改善区域水环境质量。

治理后的北湖水质由原来的Ⅳ类提升至Ⅲ类，水体全年无蓝藻、绿藻污染出现，长期保持清澈见底效果，维持"水面清、水系畅、水体活、水色透"的状态。

（三）坚持以人为本，深度挖掘水生态价值

水文化建设是水利现代化建设的重要任务之一，在北湖水生态修复过程中，成华区采取政府主导、企业参与、市场运作模式，实在坚持以人为本与文化传承原则，把水环境保护治理作为长期任务，充分挖掘水生态、水文化价值，与红色文化、鸟文化、竹文化和客家文化深度结合，形成循环集约的绿色产业体系，营造"公园＋"新经济与"公园＋"新消费场景，构建城市亲水空间，打造最美城市公园水体。

（四）水生态赋能文旅发展，促经济价值高效转化

在北湖生态公园水生态环境改善后，成华区顺应市场需求与发展趋势，利用北湖生态公园的生态优势和区位优势，打造特色鲜明的沉浸式旅游体验场景和项目，例如，新建面积 7300m² 的体育长廊，打造了总长 15km 公园绿道，营造崇尚健康生活、促进全民运动的氛围；广泛开展亲子儿童科普活动，用自然教育赋能公园城市，让城市儿童在家门口深度对话大自然等。

随着北湖生态公园生态价值的持续转化，有效带动了区域价值整体提升。

（五）建立长效管护机制，推动公园可持续发展

聚焦河流长效管护，北湖生态公园把水环境保护治理作为长期任务，制定了运行维护方案，委托专业机构开展水上、水中、岸上三类作业对湖区水体进行日常维护。

在湖区上游设置植物隔离屏障并定期清理漂浮物，开展湖面浮水植物及时打捞以及沉水植物定期养护。湖区增设 10 台涌浪机、浮水泵等硬件设备，为水体提供微动力循环系统，保证水体生态系统长期稳定。在公园设立水生态监测站，坚持"线上＋线下"有效联动，推动智慧水务平台进一步完善；发动、依靠社区群众和游客共治，系牢水生态健康纽带，对湖区采取全面巡视和重点检测相结合，定人、定时、定点对水体监控。通过设置隔离地带、搭建树屋等举措对鸟类进行保护，组建环湖巡逻纠察小分队，严禁垂钓和捕捞鱼鸟行为，禁止开展水上活动，避免产生各类污染，影响动物栖息，为生物提供了良好的生存环境。

通过长效管护机制的建立，确保湖区水生态治理成果保持稳定，构建"清水绿岸、鱼翔浅底"的人水和谐新格局。

三、经验启示

（一）环境提升，生物多样性丰富

北湖通过"截、清、治、修、管"五步联动，重建北湖完善的水生态系统，打造生态、安全、美观的区域水环境系统。丰富湖区生物多样性，实现了水清岸美、鱼跃鸢飞的人水和谐新格局。

（二）多元场景，生态价值有效转化

依托大熊猫"顶流"和北湖生态，构建层级分明、功能复合的公园场景，营造地标商圈潮购场景、特色街区"落日集"场景、生态游憩场景等消费场景，以及文旅新场景、党建文化场景、熊猫慈善文化场景等多元文化场景。北湖公园已建设成文商旅创意产业策源地、宜居宜游高品质生活体验区、生态人文价值转化示范区，是成都市提升城市宜居度、打造天蓝水碧地绿宜居生态圈的重点区域。

（三）"三区八景"，实现人水和谐发展

坚持以人为本，加快构建高品质服务配套体系，不断建强城市公园功能。如今的北湖生态公园风景优美、自然生态环境良好，拥有完整的生态植被景观、浓郁的民俗风情、深厚的文化资源，按照人与自然和谐共存理念，形成"三区八景"景观格局——作为生态人文价值转化示范区，已经成为成都市民多功能的生态乐园，展现了人与自然和谐共生的幸福画卷。

（四）幸福河湖，提供了"北湖"经验

北湖在美丽河湖建设的进程中系牢水生态健康纽带，持续发力、久久为功，探索出了一条适合城市公园水体生态修复和"两山"转化的有效路径。在多种机遇叠加下，随着北湖生态公园生态价值的持续转化，有效带动了区域价值整体提升，将生态优势转化为发展优势，增加整个北湖生态公园"造血"功能，为美丽公园城市、宜居宜业幸福河湖建设的价值追求提供了方向，为建设公园城市示范区提供了"北湖"经验。

河长统领治水兴水 全民共建共享共赢

——成华区锦江（府河）幸福河湖建设探索与实践*

【摘　要】 锦江是四川省成都市的母亲河，有府河、南河两条干流，其中府河是流经成都市成华区的主要河流之一。2023年7月，习近平总书记在四川考察时强调，要积极探索生态产品价值实现机制。河流是生态系统的重要命脉，也是人们赖以生存的自然要素。对于一个河网密布的特大城市，成都市有着2100多万的庞大常住人口，这对探索河流生态产品价值实现机制，既是挑战也是机遇。在长期实践中，作为成都市五大主城区之一的成华区致力于以河长统领治水兴水，管好盛水的盆、护好盆里的水、凝聚岸上的人，推动观光旅游、亲水文创、沿河商业等"以水兴水"新业态，成功探索出了一条在超大城市里的河流生态产品价值实现路径，实现生态效益、社会效益和经济效益的有机统一。

【关键词】 系统治理　以水兴水　全民参与　幸福河湖

【引　言】 成都是一座因水而生、依水而兴、以水而荣的城市。"窗含西岭千秋雪，门泊东吴万里船"，印证了成都在唐代已经是一个水路畅通、商贸繁荣的都市。在2016年1月召开的推动长江经济带发展座谈会、2018年4月召开的深入推动长江经济带发展座谈会上，习近平总书记都提到了锦江（府河）的污染治理问题，强调要总体谋划、久久为功。锦江（府河）古时被称作"濯锦之江"，流域面积占全成都14%，人口约占45%，GDP占近60%，也承接了80%的排污量。很长一段时间里，由于沿岸工业化、城市化进程加快加之管理粗放无序，锦江（府河）成为接收沿岸污水的主要场所，一度被称为"腐烂河"。

近年来，成都市成华区深入学习贯彻习近平生态文明思想，主动扛起生态

---

* 成都市成华区河长制办公室供稿。

文明建设和环境保护的政治责任，以全面推行河长制为抓手，打好水污染防治攻坚战，逐一消灭境内锦江（府河）沿岸排污点，激活水岸经济新业态，走出了一条生态优先、绿色发展的河流生态产品价值转化路径。

一、背景情况

成都城中以东，天府广场以外 3km 处，锦江（府河）自西北而来，在成华区画出半个圆弧。江水在这里猛然一弯，又径直向南流去，流水因变向而形成了一道河湾，这里就是猛追湾。猛追湾的对岸，是成都市的另一个主城区——锦江区。

过去，这里厂房林立、人口稠密，河流污水横流，水边步行道局促，水岸欠缺休闲与展示功能，逼仄的生活场景与城市空间，使得水环境容量与城市高速发展面临失衡的问题。

为破解河流管护难题，成华区委区政府也曾采取多种应对措施，但大多是"治标不治本"的临时举措，且河流上下游、左右岸一直未能建立协同治理机制，锦江（府河）的"脏乱差"一直是个挥之不去的"老大难"问题。

锦江春色来天地，玉垒浮云变古今。改变源于 2017 年，四川全面推行河长制，成都颁布"治水十条"，让锦江（府河）及猛追湾片区迎来新生。在这个过程中，成华区始终牢记习近平总书记的嘱托，在锦江（府河）治理中坚持系统治理，围绕河长制六大任务，紧紧锁定生态美、生活美的目标，在提升人民群众幸福感和获得感的同时，也带来可观的经济效益，在超大城市里成功实现了河流生态产品价值的高效转换。

二、主要做法及成效

河长制实施以来，成华区设立"两级党政领导、三级河长管理"河长制管理体系，区委书记、区长担任总河长，3 名区级领导、67 名街道党委班子成员及 83 名社区书记（主任）分别担任区级、街道级、社区级河（段）长，统筹、运行、督导、考核等河湖长制工作机制全面落实，为锦江（府河）长效治理提供了制度保障和高质量发展动力。

（一）以岸护水，坚持源头治理排污

以往，住宅小区对地下排水管网建设不够重视，时常出现雨污混流现象，最终汇入锦江（府河）的污水对水生态破坏较为严重。河长制的核心任务之一便是治水，特别是水污染和水环境问题。

为破解生活污水对河流的污染问题，成华区坚持源头治理总思路，重拳出击，打出多套治水"组合拳"。一是河湖划界明岸线。率先完成锦江（府河）河道的管理范围划定工作，明确各河湖空间、水域岸线、河湖水体管控范围，明晰河湖管护责任和路径。二是源头截污见成效。成华区采用"大分流、小截流"概念，在滨江路实施截污管涵工程，实现截污和收集初期雨水的目的；同时，在一环路新建一根污水主管，进行大分流，解决片区污水长期负压问题；此外，按照《成华区污水治理专项行动方案》，实施猛追湾片区病害管网治理，先行普查和治理猛追湾片区排水户污染问题。三是打通治污"中梗阻"。秉持"不漏一处，不落一户"原则，2019年6月以来，成华区深入实施锦江（府河）猛追湾片区病害管网普查与治理。前期普查中，东起蜀都大道、西至府青路一段，南起锦江（府河）、北至一环路的猛追湾片区区属排水管网共15条，管网长度9.03km，共检测出3、4级病害323处，含功能性缺陷126处、结构性缺陷197处；现已成功实施猛追湾和龙潭工业园片区34.5km、723处病害管网系统性治理。

当前，随着全区市政管网、排水户内部管网病害整治的全面铺开，锦江（府河）猛追湾片区排污入河问题已得到解决。2020年，水利部组织专家对成都锦江示范河湖建设进行验收，专家组一致评价："充分展现出了温度、力度、进度和成效，实现了特大型城市河道水质从劣Ⅴ类提升到Ⅲ类的重大突破，对同类城市具有示范借鉴意义。"特别是2023年以来，成华区又继续深入推进供排净治一体化改革，继续推进全区市政管网管护、修复、治理，确保市政排水管网运行畅通；持续开展雨水排口污水下河溯源调查，及时对新增的排水户内部雨污混流、雨污错接、管网重大病害等问题进行治理，确保排水户内部排水管网病害、错接、混流等问题"动态清零"。

（二）河岸并重，提升改造滨河景观

成华区河长制办公室将区委组织部、区委宣传部、区发展改革局、区生态环境局、区综合执法局、区商务局、区规划和自然资源局、区城市更新局等十余家区级部门纳为河长制成员单位，各成员单位围绕河长制工作相关要求，积极协调、共同发力，在联防联控、水环境整治、滨河环境改造等过程中持续发力，助力河长制落地落实。

在这个过程中，成华区在管好"盛水的盆"的同时，也在想方设法提升"盛水的盆"的品质。一是齐抓共管，实现联防联控全覆盖。成华区坚持"大流域统筹规划、小流域单元治理、全流域智慧管理"的思路，上下游、左右岸、干支流系统推进，控源、截污、清淤、补水同向发力，在锦江（府河）与锦江区共同处置跨界污水等问题，为水质稳固向好、河岸风貌提升奠定了坚实基础。二是整合资源，提升管护硬实力。在滨河景观打造过程中，河长制成员单位之间建立联席会议制度，对遇到的难点、痛点，展开"会商"并"集中攻坚"。三是提升品质，助力滨河街道升级蝶变。通过完善街区功能、提升整体风貌、实施景观建设、推动产业植入、升级周边业态等方式，打造锦江沿线特色街巷，构建形成"可进入、可参与、可感知"的猛追湾特色文旅街巷。

一江锦水，两岸融城。通过持续治理与景观打造，锦江（府河）猛追湾片区水环境呈现出"河畅、水清、岸绿、景美"的生态美景，利用滨水休闲带的空间优势，让市民在生态中享受生活、感知幸福，营造了水生态环境共建共治共享的新格局，也成为成都乃至四川探索生态产品价值实现机制的积极实践。如今，在猛追湾片区，市民因设施而更亲近河岸，停留更多时间，增加了社交属性；游客因滨水空间的打造而更注重水的互动，增加了深度体验感，处处呈现一种"国际范、老成都"的休闲消费场景和高品质生活场景。

（三）以水活岸，实现生态价值转化

水是城市的血液，河网是城市的血管。四川省总河长5号令强调，实现生态价值转化，助推经济发展。水岸街坊船，锦江不夜天，正是成华区积极探索生态产品价值转化的生动体现。随着水环境、水生态的持续改善，锦江（府河）猛追湾一带的"人间烟火气"越来越旺，与水为邻、依水而兴，水质改善带来的生态红利越发明显。

锦江（府河）的生态价值转化，不是简单的商业开发，而是全面发展带来的、自然呈现的成果。一是以河流生态治理促进老城焕发"新活力"。通过锦江（府河）综合治理，带动猛追湾片区30余家商铺主动转型业态提升品质，拉动区域商铺租金上涨60%～70%，给这一片区带来可观经济效益。二是依托生态河湖景观，打造出特色河湖IP。配合"夜游锦江"项目，完成锦江沿线底商橱窗内透光照明提升工作，完成锦江沿线1处公共建筑和10处临江楼宇景观照明提升，2023年"夜游锦江"项目累计接待游客409.21万人次，产生消费约102.56万人次，营收突破3500万元。三是河流生态持续向好，不断催生新的消费场景。按照"政府主导，市场主体，商业化逻辑"，推动锦江（府河）沿线文体旅商融合发展，打造沿江生态产业轴线，让品质锦江（府河）提升城市生活。如今，"亲水型"文创体验、"最成都"市井休闲、"后现代"潮流娱乐等滨水消费体验新场景在成华区不断涌现，水文化、水经济、水产业交相辉映。

三、经验启示

（一）坚持高位推动，党政重视、压实责任是根本

河长制实质就是责任制。各级河长是河湖管护的"第一责任人"，总河长牵头建立健全党政领导负责制为核心的责任体系，建立全面推行河湖长制工作领导机制，部署河湖管理和保护中的重大事项、重要制度、重点任务，区河长办发挥参谋助手作用，常态化推进涉河湖问题整改，持续开展专项巡查活动，以严格的督促检查及时发现并解决问题，真正做到守土有责、守土负责、守土尽责。只有坚持不断完善河湖长工作机制，一任接一任干，咬定青山不放松，既保证后续工作开展，又巩固和完善取得的成果不反弹，才能真正做到久久为功，一张蓝图绘到底。

（二）坚持制度创新，立足实际、不断完善是保障

创新河湖管护机制是推进河长制及河湖管护工作落地见效的重要保障。成华区先后制定了河长联系单位工作制度、河长巡河巡湖履职制度、

河长制工作考核激励制度等多项工作制度，并通过密集、集成的工作创新，把制度体系进一步完善、把工作动力进一步调动、把推进基础进一步夯实，实现河长制工作动能的迭代提级。同时，以制度创新为抓手，全面推进河湖管护的精细化、长效化，努力实现河湖管护水平、河湖面貌和群众满意度三方面同步提升。

（三）坚持全民治水，群策群力、共建共享是关键

水是生命之源，良好的河湖生态环境是最普惠的民生福祉。建设幸福河湖，同每一个人息息相关。广大群众既是水环境治理的直接受益者，也是参与水环境治理的主力军。河湖长制推行过程中，成华区持续开展河湖长制进机关、进乡村、进社区、进党校、进学校、进企业、进单位"七进"宣传活动，每年聘请"民间河长"，在水污染防治、水景观改造等过程中充分尊重群众意愿，倾听人民呼声，积极发动和鼓励广大群众共同参与、共同监督水环境治理，通过群策群力、共建共享，努力营造全社会关心参与河湖保护与治理的浓厚社会氛围。

（四）坚持价值转换，激活经济、造福社会是动力

深入贯彻落实新发展理念，充分利用良好的水生态资源，以人水和谐为切入点丰富生态产品价值实现机制，做好做优生态产品价值转化这个课题。成华区准确把握人与水、水与生态、水与经济社会等辩证统一关系，充分发挥河湖资源对促进区域发展、改善民生福祉的重要作用，因地制宜适度开发水域空间和岸线发展"水经济"，让水资源、水生态成为一种重要的生产要素，将河湖生态优势转化成为经济发展优势，唤醒和激活城市发展的活力与动力，最终造福社会大众，实现共建共享共赢。

践行公园城市理念 描绘幸福河湖画卷

——龙泉驿区东安湖公园幸福河湖建设路径探索[*]

【摘　要】 龙泉驿区作为成渝经济圈双向发展成都东进桥头堡、世界大学生夏季运动会开幕式和重要赛事活动承办地，始终践行生态文明思想和公园城市理念，以东安湖为核心，坚持生态价值转化目标，深化生态资源开发模式，探索幸福河湖建设新路径。

【关键词】 幸福河湖　公园城市　生态价值转化

【引　言】 2018年2月习近平总书记来四川视察时专程到成都市和天府新区调研指导，强调要突出公园城市特点，把生态价值考虑进去。2018年9月，习近平总书记在郑州发出"让黄河成为造福人民的幸福河"的伟大号召，指明了新时期的治水方向和目标，幸福河湖建设与公园城市建设相辅相成、不可分割。成都市龙泉驿区把以人民为中心的发展思想和幸福河湖建设目标体现在建设践行新发展理念的公园城市示范区的共同实践中，在高质量发展中创造高品质生活，让市民在共建共享发展中有更多获得感。

一、背景情况

龙泉驿区位于成都平原东缘、龙泉山西侧，全区幅员面积557km²，建成区面积97.8km²，辖10个镇（街道），123个村（社区），常住人口137.76万人，是成都国家级经济技术开发区所在地，是第31届世界大学生夏季运动会承办地，也是国务院命名的"中国水蜜桃之乡"。龙泉驿区历史底蕴厚重，产业优势明显，是全国第六大汽车产业基地；区域经济实力强劲，2023年地区生产总值1502.5亿元，高质量发展水平位居全市同类区

---

[*] 成都市龙泉驿区河长制办公室供稿。

域前列。龙泉驿区荣获2023年中国最具幸福感城区，东安湖国际旅游度假区成功创建省级旅游度假区、荣获2023年中国体育旅游十佳精品景区。

成都市龙泉驿区水资源匮乏、水资源分布不均，人均年水资源量仅224m³，属于极度缺水地区，市民群众对幸福河湖建设的愿望十分强烈，同时区内还存在城园融合不够、亮点品牌区域缺乏等短板问题。为深切回应群众期盼，作为成渝经济圈双向发展成都东进桥头堡、大运会开幕式和重要赛事活动承办地，龙泉驿区有基础、有责任在公园城市、幸福河湖建设上走在前列、创建典范。近年来，龙泉驿区紧紧围绕"成渝双城经济圈""打造高品质宜居地"功能定位，深化东安湖生态资源开发模式，探索实践幸福河湖建设新路径，切实打造水清岸绿、通畅景美、让人民有获得感和幸福感的河湖。现以东安湖公园为例，具体阐述龙泉驿区探索实践以人民为中心的幸福河湖建设路径。

二、发展变迁

东安湖位于成都市龙泉驿区东安新城核心区，由东安水库工程和东安水库扩容工程构成，水域面积1634亩。东安湖周边4个生态修复工程（面积3427亩），与东安湖一并设计建设（统称为东安湖公园）。东安水库工程和东安水库扩容工程选址位于龙泉驿区东安街道书房村片区，由于地势较低影响片区排洪。近年来，极端天气频发导致该片区年年受淹，特别是2013年的"6·20"、2018年的"7·11"、2019年的"7·22"影响较大。同时，区域内农田水利基础设施相对薄弱，农业生产用水对东风渠的依赖较大，对农业灌溉生产不利。龙泉驿区在东安湖公园规划之初就重视城市因水而生的自然属性，因地制宜、科学选址修建水库，充分发挥水库调蓄功能，有效解决东安新城片区汛期受淹问题，并对改善龙泉驿区水生态环境、保障东风渠岁修期间灌溉及市政绿化供水、促进成都市经济社会可持续发展具有重要作用。

三、主要做法及成效

公园规划建设坚持生态优先、绿色发展理念，形成"一湖一环、七岛十二景"山水格局，以驿文化串联竹林文化、芙蓉文化、桃花文化等元素，向世人展示"未来之湖、世界之驿"的开放型城市生态公园大美形态，全力打造践行新发展理念的公园城市示范区典范。

（一）强化组织保障，高效推进项目建设

公园建设是一项复杂的系统工程，涉及规划、建设、管理等环节，生态、文化、社会、经济等领域，不仅需要区内多部门协同，还需要省市区多层级联动。龙泉驿区2位总河长高度重视幸福河湖建设，亲自督战，并专门成立东安湖公园建设指挥部，由区委常委、统战部部长任指挥长，经开区管委会、区人大、区政协副职任副指挥长，具体负责公园建设，现场督导、专题研究公园建设运营等工作百余次，形成"领导小组＋专门机构＋专业智库"的建管体系，为高效推进公园建设提供了有力支撑。

（二）保护生态基底，构建蓝网大美形态

水是景观灵魂，水治理是幸福河湖建设的基础。怎样才能构建碧波荡漾、鱼翔浅底的大美水景？

公园强化顶层设计，从水资源保护和水生态修复的需求出发，系统开展水环境治理。1600余亩湖区水质透明度最大已达4.4m，主要指标达地表水Ⅰ类标准。一是实施河湖分离。厘清东安湖与东风渠、西江河等周边水系关系，引用东风渠优质水源，周边自然水系作为泄水通道，入湖水源实现河湖分离。二是全面控源截污。按照"外源截污、雨水控制、生态净化"思路，全面截污纳管，处理达标的再生水补充河道生态基流；片区降水通过雨水管网就近排放至自然河道，湖区仅接纳经过植草沟等净化后的雨水，发挥海绵体作用。三是多维提升水质。针对"溶解氧、污染物、水体透明度"三大影响水体感官效果的核心问题，开展水生态修复专项设计，采用"改、构、提、增、维"方式实施水体综合治理，构建水生态系统和泉、瀑、溪等多元水体形态，持续提升湖体水质。四是坚持建管并重。在抓好日常维护的同时，以5A级旅游景区管理标准，建立智慧化管理体系，安装水库水质智能监测站2个、水库雨量站1个、流量站2个、园区安防监控视频683个、智慧跑道感知终端8个，2023年荣获成都市"蓉慧河湖"称号。编制《东安湖水质风险评估报告》，制定应急措施，运用市场化风险管理手段，创新引入国寿财险给东安湖水质"上保险",多措并举实现水体清澈、感官良好。

(三)聚焦景水和谐,发挥河湖综合效益

湖是自然环境生命线,幸福河湖建设应深入发掘河湖潜力、发挥综合效益,公园坚持"尊重自然、顺应自然、保护自然、因地制宜、科学合理"的原则,在充分发挥水库功能的基础上,优化城市形态,打造亲近自然的场景。一是发挥水库功能。科学论证水库工程开发任务、规模、选址、工程布置及主要建筑物等关键问题,深入研究、优化设计,完成水库及扩容工程建设,水库具备农业灌溉(灌溉面积2.24万亩)、提供市政绿化用水、腾蓄汛期雨水、提升城市生态环境等功能。二是涵养自然格局。坚持"蓄塘成湖、留木成林、因势聚山、借渠引水",呈现湖、河、溪、湾、瀑等十大水系形态和主峰、次峰及配峰相互呼应的山形骨架,构建形成"一湖一环、七岛十二景"自然山水格局,恢复滩涂、湿地等八类生境,实现生态可持续性。三是构建生态景观。打造桃花长堤、芙蓉水道等七条特色景观绿廊,串联翠竹园、樱花水岸等主题生态林,打造疏密有致、开合有度、四季有景的生态自然景观。

(四)注重场景营造,强化服务配套支撑

人民为中心,关切人的体验感和需求是幸福河湖建设的关键,实现人与自然和谐共生。公园始终坚持"服务人、建好城、美化境"原则,着眼生产生活生态相融,以"增绿惠民、营城聚人、筑景成势、引商兴业"绘就幸福河湖城市新图景。一是注重品质提升。开展景点创意设计,植入30余个公共艺术装置,营造步移景异的品质化场景;编制植物栽植导则,全方位把控公园品质,增强公园可阅读、可感知、可欣赏性。二是突出空间特色。建设成蹊岛、爱情岛、竹语岛、溪峰岛等七个特色岛,并系统化开展城市家居设计,有机融入各岛标识,增强景观岛主题性和鲜明特色。三是完善场景配套。开展公园运管策划,依托公园24桥、服务建筑等场景,布局运动休闲、儿童游乐等六大业态,配套座椅、停车场、公厕等服务设施,切实满足需求。

(五)创新机制模式,实现生态价值转化

"绿水青山就是金山银山",如何挖掘、创造、开发河湖生态资源,实现生态价值转化，辐射带动区域发展、提高居民生活幸福感，公园以"政府主导、企业主体、商业化逻辑"思路为引领，塑造历史文化与现代时尚辉映的文化景观体系，推动生态价值向人文、经济、生活、社会等价值转化。一是注重人文塑造。坚持以景养文、以文塑景，在场景构建中融入"一碗水"、《溪山雪意图》等历史文化故事，并通过芙蓉水道、驿台荷风等水景观实现亲水互动、湿地科普等功能，留下人与水的美好交流场景和寓意。二是创新运管模式。坚持高标准产业定位、功能布局、城市设计，以公园为核心，北岸集聚国际文体社区功能，西岸集聚科创研发和文化博览功能，南岸集聚总部经济功能，通过功能区管委会＋专业化运营公司模式，实施片区封闭运行、整体开发、统一运营。三是坚持共建共享。通过桥名评选、书画作品征集、义务植树等方式引导市民积极参与公园建设，并开展东安新城一体化设计，实现园中建城、城中有园、城园相融、人城和谐。

四、经验启示

幸福河湖和公园城市建设是一项宏大的创新工程，要认真把握其深刻内涵，积极探索建设方向、目标路径，根据东安湖公园建设实践，提出以下经验启示。

（一）以自然生态景观为本底"吸引人"

以山、水、田、林多元生态要素为基础，合理保护自然资源、河流塘堰脉络，打造生态、安全、美观的区域水环境系统，形成"村邻水、田见方、路沿渠、林成行"空间形态；开展景观专项设计，加快构建绿道系统，串联公园群、连通河湖网，构建城市生态网络，让人细品出则繁华如市、入则美景怡人。

（二）以场景引流客群为路径"留住人"

探索建设绿道型、山水型、郊野型等公园城市形态，构建层级分明、功能复合的公园场景，营造地标商圈潮购场景、特色街区雅集场景、生态游憩场景等消费场景和文旅新场景，丰富游览体验，聚集人群流量，真正实现客群"留得住，想得起"，培育城市永续动能。

（三）以商业公共配套为支撑"服务人"

坚持以人为本，加快构建高品质商业服务配套体系，不断建强城市功能。在场景营造的同时植入高端商务、交往交流、宜居宜游等功能，合理布局业态，引进落地品牌影响好、市场效益高、辐射效力强的项目，夯实商业公共服务基础。

（四）以产业聚集培育为核心"成就人"

运用商业化逻辑，以景观环境为核心，前瞻谋划"体育＋""生态＋"等新业态新模式，建立数字经济、绿色经济等新经济模式支撑，积极引进产业化项目，创新实践运营模式，以产业发展实现引资引智、聚人成人。

（五）以生态价值转化为目标"幸福人"

通过以上举措，彰显绿水青山的生态价值、诗意栖居的美学价值、以文化人的人文价值、绿色低碳的经济价值、简约健康的生活价值和美好生活的社会价值。以生态价值转化为目标，描绘出高颜值、生活味、国际范、归属感的公园城市美好画卷，满足广大群众对幸福美好生活的新向往。

画舟重泛南河畔　水润邛州展新颜

——邛崃市细绘南河幸福河湖生态画卷*

【摘　要】近年来，邛崃市以南河城区段水生态治理为抓手，推动"一轴三带"水生态建设；通过环节管理、种养循环和管理闭环联动，助力水质提升；强化截污治源、着力标本兼治、推进水景营造，擦亮生态底色；建设河滨公园，着力打造节点工程；突出试点引领、促进产业融合、撬动市场参与，共建幸福河湖。邛崃市已取得社会、生态、经济多方面效益，为城镇河流水生态系统保护与修复、城镇水景观打造提供了可借鉴经验。

【关键词】水生态　公园城市　幸福河湖

【引　言】河湖治理是生态文明建设的重要组成部分。邛崃市坚持以习近平生态文明思想为指引，紧紧围绕建设全面体现新发展理念的城市目标，深入贯彻落实习近平总书记"节水优先，空间均衡，系统治理，两手发力"治水思路，坚持"三水共治"，积极开展河长制工作，全力打造美丽幸福河湖，绘就了"河畅、水清、岸绿、景美"的生态画卷。

一、背景情况

南河是成都平原西侧的重要河流，也是岷江一级支流，由发源于邛崃市天台山镇的文井江与白沫江，至大同镇马湖齐口汇流而成。从西向东，纵贯邛崃市腹心地带，流经临邛街道、文君街道、孔明街道、固驿街道、高埂街道、羊安街道、大同镇等镇（街道）。沿途并入了邮江河、斜江河等河流，于新津区汇入岷江，河长 55.5km，流域面积 361.96km²。区域内的白鹤山景区，植被良好，风光绮丽，是川西有名的佛教丛林和旅游胜地；以邛窑遗址公园、大渔村遗址为代表的瓷器文化，是我国古代著名的民间瓷，具有丰富的研究价值；川南第一桥碑设计考

---

* 邛崃市河长制办公室供稿。

究，结构严谨，雕刻精湛，气势宏大，极为壮观，具有较高的历史、艺术、科学研究价值；区域内回澜塔、文笔山塔建筑设计和施工技巧充分地显示了古代匠师们高超的建筑艺术水平。区域内山、水、滩、堰、岛屿、滨河景观、文化遗产等景观资源布局合理，相互映衬、和谐优美，观赏性、亲水性、参与性强。

近几年来，邛崃市坚持以习近平生态文明思想为指引，紧紧围绕建设全面体现新发展理念的城市，深入贯彻落实习近平总书记"节水优先，空间均衡，系统治理，两手发力"治水思路，坚持"三水共治"，以南河城区段水生态治理为抓手，推动"一轴三带"水生态建设，加快推进重点城镇河流水生态系统保护与修复、城镇水景观打造。自河长制工作实施以来，南河水质稳步提升，水质持续达标。南河城区段获评成都市第一届"最美河湖"、生态环境领域宣传教育与志愿服务阵地，河滨景观廊道被省水利厅批准为四川省级水利风景区，代表成都市参加水利部全国水生态文明建设试点城市技术评估验收，获长江流域第一名。

二、主要做法

（一）三环联动，助力水质提升

一是环节管理，排污治理重实效。围绕"污水不下河"目标，构建"1＋N"治水体系，印发标准化"环节管理手册"，依托镇村网格员，核验理论产污量、实际储污量和转运消污量的关系，做到环环相扣，实现排污监管标准化、高效化。二是种养循环，疏堵结合治根本。按照生猪存栏量配套户用沼气池和蓄粪池，引导抽粪合作社与种植大户、产业基地业主签订用粪协议，合作社免费为散养户抽取畜禽粪便，并供给种植大户，以市场化的方式实现种养两端有机衔接。三是管理闭环，环环相扣零容忍。组建水环境污染防治联合执法组，分组分片开展联合执法。按照"河渠巡查—问题发现—督办整改—整改回访—问题销号"的闭环管理模式，真正做到问题"发现一个、消灭一个"。

（二）多措并举，擦亮生态底色

一是强化截污治源。以排污口排查整治为抓手，完成南河干流236个入河排污口排查工作，制定"一口一策"整治清单，分类统筹推进治理。

二是着力标本兼治。积极开展清淤疏浚和岸线整治，累计投入4.15亿元，完成河道生态治理45.81km，完成新建和改造生态景观拦水坝10座，新建护岸约25.59km，河道疏浚约34.31km。三是推进水景营造。累计投入资金约2亿元，完成南河生态河道（岸）治理约10km，新（改）建生态景观溢流堰6座，新建河岸生态公园3座，河滨绿道10km，配套完善河滨小道、节点打造、景观绿化、光彩照明和运动、休闲、娱乐设施等。四是保障生态流量。建立与灌区管理中心和镇（街道）良性沟通协商机制，充分发挥水库、水闸等水资源配置工程的调蓄作用，保障全市河道生态流量。

（三）依水而建，打造精品公园

一是秉承"可进入、可参与、景观化、景区化"宗旨，融汇"海绵城市"理念，打造河滨公园。建设运动休闲、儿童森林、生态科普三大功能区，配套书香漂流、健康驿站等公共服务设施，形成集生态、休闲、运动、游览、娱乐为一体的靓丽名片，呈现邛崃新型生态"城市会客厅"。二是注重"文态、生态、形态及业态四态合一"，融入茶马古道文化、修复自然生境岸线、衬映山水人城空间、联动文体旅商场景打造上林滨河体育公园，充分彰显公园城市风范。三是构建整体布局思路，着力节点工程打造。以白沫江为脉，串联河岸汀州与白墙灰瓦、汀水步道、叠溪景观、连廊、游步道及戏水平台等沿江70余处节点工程，绘制公园城市的乡村表达图。

（四）综合施策，共建幸福河湖

一是突出试点引领。立足打造"西控"区域生态价值转化示范，开创性策划白沫江水美乡村生态综合体开发项目，成功申报全国生态环境导向开发（EOD）模式试点项目。借助试点项目的引领示范优势，以点带面，联动各行业共同参与，整体推进流域水生态环境质量提升。二是促进产业融合。在抓好水生态修复和水环境治理的基础上，以河湖水系为基础、岸线绿地为关键、滨水空间为核心，统筹推动自然生态保护、人居环境改善、多元业态融合，水岸城一体化打造彰显文化底蕴、营造生活场景、引领城市发展的价值体系。三是撬动市场参与。系统梳理水资源、林竹资源、茶果资源、土地资源，依托成都市水美乡村发展有限公司作为片区开发运营商,统筹各类资源、政策和资金,对生态资产共生功能柔性开发,推进生态保护、产业发展与乡村振兴有效融合、一体实施,全力打造美丽幸福河湖。

三、取得成效

(一)社会效益

通过对生态景观的人性化设计,不断优化完善流域水生态环境、水生态景观、基础配套设施等,营造"河畅、水清、岸绿、景美"的岸线风光。新增沿河洲滩、汀步、游道等高品质亲水空间,让亲水、戏水更加触手可及,切实增强了群众获得感、幸福感、满意度。

(二)生态效益

以水生态修复和水环境治理为手段,注重保护河道自然景观、提升流域水质,将水、水生生物及岸坡植被有机地连成一体,保障河湖生物多样性,增强河湖水生态系统稳定,实现邛崃水生态"净""清""流""蓄"的水生态愿景。

(三)经济效益

立足成都西部区域中心城市发展定位,深入挖掘南河流域特色资源,推动"西控"区域旅游环线和特色资源产业化发展,打造农商文旅体五位一体的生态休闲产业带。以生态治理提升市场倾斜度,以产业并发增强价值转化力,以发展收益反哺生态宜居性,诠释人与自然和谐共生的公园城市价值。

四、经验启示

(一)坚持高标准规划

以全球视野,委托国内高水平规划单位开展"一河两岸"空间提升规划和回澜塔片区城市设计。注重有序开发与合理保护并重,带着区域永续发展的思考去布局片区功能业态。依托"山水塔桥城"的空间肌理,突出人文、生态特质,将滨水空间连片交织,重塑"一河两岸"城市空间,推动古城有机生长,实现产业、文化、生态相融,再现曲水绕城的山水城市胜景，向世界彰显千年临邛山水人文特质之美。

（二）坚持高水平打造

利用未经破坏的植物群落形成的郁郁葱葱的生态景象，结合现有的大量高大树木共同打造出一片古意昂然的绿色屏障，形成南河生态绿廊。以自然驳岸为主，以湿地、卵石滩、草坡、观光果园等景观作辅，打造原生自然的生态湿地景观，构建生态休闲观光区。融汇本土历史人文，突出"树影"景观特色，以自然生态为设计根本，呈现城市文化展示区，使之成为市民、游客感受文化、享受自然的场所。

（三）坚持高品质开放

厚植人民情怀，始终贯彻以人民为中心的发展思想，全方位面向群众开放。建设成果既是传承和展现邛崃文脉的载体，又是高品质的公共空间和绿色生态空间，既增添了人民群众的乡愁情怀，又化身为群众休闲娱乐运动的网红打卡地。实实在在回应了人民对城市优美生态环境的期盼，真正实现了优美环境人人共享、生态价值高效转换的美好愿景。

江水润古镇　河湖展新颜

——邛崃市白沫江幸福河湖建设实践[*]

【摘　要】 邛崃市夹关镇深入贯彻落实习近平总书记"节水优先，空间均衡，系统治理，两手发力"治水思路，坚持"三水共治"，聚焦宜居宜业和美乡村建设，以水为线"管好河"、以水为媒"建好河"、以水为底"治好河"、以水为脉"用好河"，在当地饮水安全保障体系建设、河湖生态环境质量改善、水产业发展等方面取得了显著成效。

【关键词】 河长制　水经济　幸福河湖

【引　言】 党的十八大以来，党中央高度重视河湖保护管理工作，以党政领导负责制为核心的河湖保护治理管理责任体系全面建立。立足于推动水利高质量发展的新阶段，邛崃市夹关镇由总河长牵头，充分动员各方力量开展河湖治理，依托当地特有的水文化讲好水故事、发展水产业，实现河道"绿水青山"与"金山银山"的长效转化。

一、背景情况

白沫江是邛崃西路的重要河流，是南河重要支流，发源于邛崃市天台山玉霄峰。从南向北，串联邛崃西南路旅游环线，流经天台山镇、夹关镇、临济镇、平乐镇并最终汇入南河，河长49.3km，流域面积324.56km^2，其中白沫江夹关段17km。作为邛崃三大古镇之一的夹关镇，自古以来，就是南方丝绸之路的重要驿站，因其因河而建加之独特水热条件形成的万亩茶山，素有"水寨茶乡"的美誉。境内河道纵横，景色宜人，古镇江水相映，宛如一幅壮美的山水画卷。江水串联香岩寺、解放渡槽、茶田露珠等景点，旅游资源丰富，流域以其壮观的水体景观而闻名。近几年来，夹关镇坚持以习近平生态文明思想为指引，紧紧围绕

---

[*] 邛崃市河长制办公室供稿。

建设全面体现新发展理念的城市,深入贯彻落实习近平总书记"节水优先,空间均衡,系统治理,两手发力"治水思路,坚持"三水共治",全镇聚焦宜居宜业和美乡村建设,以水为媒一体推进乡村发展、乡村建设、乡村治理,形成了以熊营村为核心、辐射带动周边成片成型成势发展的良好格局,积极打造熊营河、五龙湖、白沫江等美丽河湖,全面提升水生态环境,荣获"成都市乡村治理示范镇""2022年度成都市河长制工作市级考核先进镇""玉溪河灌区供水先进单位"等荣誉称号。

二、主要做法

(一)以水为线,全面统筹"管好河"

一是抓住关键少数,由总河长牵头,念好"紧箍咒",压实各级河长工作责任。形成巡查—研究—交办—跟踪—问责"五级工作体系",全面提升河湖管护效率,真正做到问题"发现一个、消灭一个"。二是发动最大多数,充分动员各方力量,施行水生态保护积分制,推动河长制工作和社区治理相结合,所属11个村(社区)均建立起"积分超市"引导群众积极参与河长制工作,形成通过"挣"积分"兑"礼品,从而"挣"出良好水生态的全民治水格局。三是抓住最全面,整合联动"分段治"走向"全域治",多村联建河长办公室,共同解决河道生态问题,通过赋能社会治理形成"上下游联动,干支流齐动,左右岸互动"的全域水生态联动共治机制,统筹推进水环境综合治理工作,将污染治理和生态治理作为重点,实现主要河渠水环境和生态环境持续改善。

(二)以水为媒,依托本底"建好河"

一是持续推进茶悦水乡、黑茶公园等一批涉水项目建设,通过充分挖掘水文化、水生态、水科学,形成以蓝网绿道串联和美乡村的茶旅主题消费场景。二是把握"世园会""5A"创建机遇,瞄准近郊游目标市场,以白沫江为纽带串联青山、古镇、蓝网、绿道,统筹3村2社区连片发展,推动公服、基建、机制三融合,围绕茶田露珠、茶乡之秀林盘、邛笼民俗文化广场、粮仓、台子坝等节点进行重点打造,逐步呈现主题院落民宿、粮仓艺术区、精品私房菜、南堂口空中酒吧、江湖老茶馆、夹关故事商店、中式茶饮概念店等业态。三是以五一节、"3·28"民俗文化节等重大节庆活动为关键节点，开展宣传推介活动，拓展延伸农旅融合产业链，丰富乡村旅游体验元素，讲好传统黑茶和民俗文化故事，做好水文章，探索和美乡村的诗意表达。

（三）以水为底，多措并举"治好河"

一是扎实开展"河湖四清"工作，全镇累计投入车辆及机械68台次，完成整治河渠14km，实施白沫江生态河堤建设5km，清除垃圾约940吨，清理河道淤泥及各类碍洪物约1140m³，治理下河排口3个，截污工程1处。二是全面推进水景营造。已完成蓝网绿道建设，完成河道水生态综合治理5km，投入300万元对熊营河进行生态修复，配套完善节点打造、景观绿化、光彩照明和运动、休闲、娱乐设施等。三是形成良性沟通。建立了与玉溪河灌区太和管理站和流域镇（街道）良性沟通协商机制，形成涵盖邛崃、蒲江、名山区的河湖管护协调机制，充分发挥水闸等水资源配置工程的调蓄作用，形成涵盖应急处置、流量调蓄、隐患整治跨区域协调机制。

（四）以水为脉，文化赋能"用好河"

一是结合夹关段实际、深入思考、系统推进，找准定位，明确建设"烟火架管"发展目标，以水文化建设为切入点，在水文化创新上先行先试，以文化赋能擦亮夹关镇以水为脉的和美乡村标签。二是坚持"四个原则"，丰富文化特色内涵。立足实际，深度调研，充分挖掘本土文化，融入创新机制，立足实践、转变思路，创新工作方式；坚持以人为本，突出人文精神与水文化的深度融合；坚持生态文明建设，实现坝固、渠畅、水清、岸绿、景美、人和；坚持可持续发展，实现现代化灌区建设目标，助推流域经济社会高质量发展。三是创新表达促文化铸魂，聚能媒介宣传，以"3·28"民俗文化节等涉水文化活动为关键节点，联动各大新媒体平台优势资源，通过微电影、线上与线下活动、短视频等方式进行多渠道、广角度宣传，拓展延伸农旅融合产业链，丰富乡村旅游体验元素，讲好水故事，重拾水寨茶乡韵味，探索和美乡村的诗意表达。

三、取得成效

（一）社会效益

流域具有地形多样，居住区数量多、规模小、分布散等特点，夹关镇按照"规模治理、集中治理、就地治理"做法，采用纳管处理、农村污水处理设施处理、资源化利用等多种方式综合治理农村生活污水，确保片区内农村生活污水应集尽集、应治尽治、达标排放。截至目前，流域内完成了20户以上农民集中居住区生活污水处理设施覆盖率达到100%的目标，建设有1座乡镇污水处理厂、5个农村污水处理设施，每天将周边区域的2800吨生活污水就地"除污转清"，就近流入河道，现主要河流水质断面标准达到Ⅲ类及以上，行政村生活污水治理率达到91.12%。夹关镇先后实施2021年农村饮水安全巩固提升工程、邛崃市2022年饮水巩固提升工程等农村供水项目，在巩固拓展和提质增效上狠下功夫，努力消除工程建设弱项、补齐管理服务短板，通过饮水工程建设，片区农村自来水普及率达100%，规模化普及率82.31%，目前已构建起从水源地到水龙头的饮水安全保障体系，确保广大群众喝上安全水、放心水、幸福水。

（二）生态效益

夹关段通过EOD项目建设，沿江堤建设亲水景观20余处，各类景观林立河畔，映衬白沫江夹关段独特自然景观，栩栩绘就一幅漫江碧透、鱼翔浅底的生态画卷。2023年，加大资金投入，实施建设了集生态绿植、景观廊道、光影打卡、露营游乐等功能为一体的黑茶公园项目。通过项目建设进一步增强了白沫江夹关段的生态观赏性和生物多样性，生态环境获得良性循环，各种自然资源得到进一步保护，实现良好的生态效益。

（三）经济效益

整合资源打造"水产业"，在蓝网绿道上配套建设了3个驿站、2个主题节点、3个亲水平台以及大量特色文旅设施。对民居、花草、小桥、溪流、池塘等进行主题化包装，加强水景观建设，提升河道观赏性。村民在指导下办起了民宿、农家乐、农业采摘园等。沿河道而行，可享用特色餐饮、居住高端民宿、购买文化与旅游纪念品等，满足了游客吃、住、行、游、购、娱等需求。成立百态运营公司采用"产业孵化＋美丽多村联动运营"的模式，带动了水系沿线历史文化资源的活化利用和公共文化休闲设施运管，创造收益可用于河流长效管护，实现河道"绿水青山"与"金山银山"的长效转化。

四、经验启示

(一)下足功夫狠抓治理是幸福河湖创建的根本举措

"河道出问题,根子在岸上",通过生态修复、工程提标、维修养护、绿化建设等多种治理措施,采取工程手段与管理手段相结合,持续改善水环境、防御水灾害、健康水生态,维护河湖生命健康,真正意义上打造能够支撑流域发展,让人民群众满意的幸福河湖。

(二)充分盘活文化优势是幸福河湖创建的关键一招

深入挖掘河湖自身历史沿革、历史故事、治理成就等,全面塑造河湖自身的水文特性和人文历史,以提升河湖最本质、最具代表性的文化内涵;立足具有地域风情的人文历史、自然资源等,进一步凝练治水精神、地域文化,打造独具特色的水景观设施,就地取材多渠道、多方式开展宣传,彰显河流独特魅力与开发潜力。

(三)强化协作合力共建是幸福河湖创建的特色亮点

河湖长制背景下幸福河湖建设是一项涉及多步骤、全流域、多层级的惠民工程,强化协作,合力共建幸福河湖显得尤为重要。既能够共同谋划幸福河湖建设,在环境整治、拆违清障、生态修复等方面各司其职、各负其责,提高工作效率;还可以有效解决资金难题,缓解财政压力,凝聚合力构建共建、共管、共享的"幸福共同体"。

做优公园城市水生态
书写幸福河湖新答卷

——天府新区诠释鹿溪河蝶变之路[*]

【摘　要】　鹿溪河属长江上游岷江水系重要支流，不仅是天府新区人民赖以生存和发展的"母亲河"，也是承载公园城市发展理念、促进优美自然环境与现代城市发展相融共生的"生态河"。自2017年推行河长制以来，四川天府新区牢记习近平总书记嘱托，秉承"以人为本、生态优先"的理念，坚持总体谋划、久久为功，按照"治水、理田、植绿、营园、入城、聚人"的实施路径，聚焦"郊野段传承农耕文明、新区段记录现代发展、城区段留住市民记忆"，全力实施鹿溪河流域水生态综合治理，推动"美丽河湖"加快向"幸福河湖"汇流，倾力打造新时代公园城市靓丽水名片。

【关键词】　公园城市　河长制　鹿溪河　幸福河湖

【引　言】　2018年2月，习近平总书记在天府新区视察时强调，"天府新区是'一带一路'建设和长江经济带发展的重要节点，一定要规划好建设好，特别要突出公园城市特点，把生态价值考虑进去。"2018年4月，习近平总书记在深入推动长江经济带发展座谈会上指出，"我去四川调研时，看到天府新区生态环境很好，要取得这样的成效是需要总体谋划、久久为功的。"水是生命之源，是公园城市最核心的生态要素。作为公园城市"首提地"和长江经济带重要节点，天府新区勇担筑牢长江上游生态屏障的重大责任，以河长制为统揽，依托鹿溪河蜿蜒形态和水生态本底，深入实施鹿溪河流域水生态治理，公园城市水润天府的幸福画卷徐徐展开。

一、背景情况

鹿溪河，又名"鹿溪水""芦溪河"，是典型的山溪河流，发源于龙

[*] 成都市天府新区河长制办公室供稿。

泉山脉中段西麓，向西南蜿蜒而下，全长近80km，流域面积675km²，顺流而下经龙泉驿区、天府新区后在双流区黄龙溪镇入锦江后汇入岷江。鹿溪河天府新区段全长49.5km，从东北向西南斜穿全境，流域面积占天府新区面积80%以上，以其良好生态本底和充沛的灌溉水资源，滋养两岸人民近千年。近年来，清水绿岸渐渐湮没在快速的城市化进程和农业生产中，与人们渐行渐远。以公园城市建设为契机，天府新区主动落位并积极融入国家生态文明建设大局和长江经济带高质量发展战略布局，深入践行习近平总书记殷切嘱托和深切关怀。鹿溪河以其核心的地理位置、深厚的文化积淀和重要防汛灌溉及生态功能，承载起落实新发展理念、推动经济社会发展全面绿色转型的重要任务，更为纵深推进河长制、建设碧水蓝网环绕的公园城市提供有力支撑。

二、主要做法

（一）围绕"统"字，做好"良治善治"文章

以"建设践行新发展理念的公园城市"为总目标，以鹿溪河水生态持续改善为核心，做好顶层设计，一锤接着一锤敲。一是河长统筹。天府新区党工委书记、管委会主任担任双总河长，把河长制工作作为建设公园城市的重大战略工程，列入党委和政府重要议事日程，每年发布总河长令安排布置水环境重点任务，构建起"流域统筹、部门协作、区域联动"河湖高效能治理体系。二是规划引领。紧扣公园城市发展战略导向，从全局出发统筹谋划"水系统"构建思路，创新形成"水总规＋水专项＋流域详规"工作框架，构建鹿溪河流域水生态治理五维技术体系，形成"一廊三湖两带十六支多点"总体布局，制定"水城交融＋滨河区域＋乡野河道"打造模式与标准，为高起点规划、高标准打造鹿溪河水生态提供根本遵循。三是改革赋能。实施供排净治一体化改革，积极培育市场主体，与市级水务国企合资成立专业水务公司，以特许经营方式将水库、排水管网、下穿隧道、净水设施建设运维任务交由专业公司，改变碎片化、多头多级管理模式，进一步增强企业融资能力、拓宽投融资渠道。

（二）围绕"联"字，做好"共建共享"文章

充分利用河长制工作机制，发挥河长牵头抓总作用，打破"九龙治水"局面，凝聚治水护河的强大合力。一是强化部门联动。与检察院建立水生态公益诉讼机制，强化联动巡河和问题线索移交，推动行政执法和刑事司法有效衔接。每周开展跨境断面、重要点位水质监测，及时发现问题、及时督促整改。开展联动执法监管，整治养殖场、"散乱污"企业、农家乐等400余家。二是强化区域联控。与眉山市建立跨流域沟通协作机制，强化区与区、镇与镇、村与村各层级协调联动，开展联合巡河和溯源排查8次，有效解决柴桑河跨界污染输入问题。三是强化群防群治。将河长制延伸到村社最基层单元，明确每周4次巡河频次，并纳入村社长年终考核。依托"党员骨干＋自治组织＋自组织"架构，分片区组建"1＋N"志愿服务队，将巡河职责纳入积分兑换制度，有效补充河长巡河力量。依托"村规民约"发动"群众河长"，建立举报奖励机制，明确村民水环境保护责权，以点带面、以面带全实现河湖管护全覆盖。

（三）围绕"净"字，做好"水清水活"文章

跟踪水全生命周期，运用自然化、生物化、工程化的方法科学开展水生态治理，实现"水清流畅、蛙鸣鸟叫"美丽景象。一是实施净水提升。坚持源头治污、控源截污，新建排水管网1100km，综合管廊超过20km，建成截污干管20km，实现煎茶污水处理厂水质提升，建成天府第一污水处理厂等，20户以上农民集中居住区污水处理设施覆盖率达到91%。二是开展清河行动。建立水环境长效管护机制和淤泥"随产随清"制度，年均打捞河道漂浮物1600余吨，清理河岸垃圾900余吨，清除河道淤泥4.5万余吨，整治排污排口17个。三是营造滨水生境。秉承"重新自然化"理念，依托鹿溪河水网体系，从天府新区生物需求出发，围绕"溪河流-湿地-林水一体"多元复合生境营造，建成3800亩科学城鹿溪河生态区，构建"连山、链水、入城"的自然生境网络。四是引来活水补给。坚持节水优先、还水于河，以河渠库塘湿地为要素，以闸坝调控为手段，充分利用雨水、再生水、外引水，形成丰枯互济、循环自如的连通水网。从东风渠引水3.94亿 m^3/a，利用再生水1478.63万 m^3/a。通过以上措施，鹿溪河水质从地表水劣Ⅴ类、Ⅴ类持续提升，实现连续

17个月稳定达到地表水Ⅲ类。

(四) 围绕"融"字,做好"滨水兴水"文章

以鹿溪河为轴,沿岸集聚丰富多彩的城市公共功能,充分释放河流生态价值,引领城市高质量发展。一是塑造优质滨水岸线。以天府蓝网建设为抓手,秉承"景区化、景观化、可进入、可参与"理念,聚焦"郊野段传承农耕文明、新区段记录现代发展、城区段留住市民记忆",按照"治水、理田、植绿、营园"实施路径,对7.8km鹿溪河沿岸景观实施分段打造,推动蓝绿空间向城市空间渗透。二是营造多元兴水场景。采用嵌套式组群布局,强化生态空间与城市空间耦合,沿岸引入中科院光电所、国家农业科技中心、海康威视成都科技园等创新源项目,植入国家会议中心、西部博览城、科学城展览馆等会展形态,促进公园城市和水生态建设深度融合。利用郊野段河流纵横、曲折蜿蜒的优美形态,投资1.6亿元,重点打造三根松社区、尖山村、老龙村、南新村等一批水美乡村示范点,有力促进了天府新区民宿、民居、民食经济发展。三是打造活力亲水空间。坚持还水于民、人水相亲,遵循"以自然之力修复自然"逻辑,提升打造379.7万 m^2 兴隆湖,沿水沿岸布局开敞式滨水商业街区,培育兴隆长滩、荧光跑道、湖畔书店等系列网红打卡地,策划运动嘉年华、湖畔露营等多样文体活动,让美丽河湖成为天府新区人民群众亲水乐水的幸福空间。

三、经验启示

(一) 要做好顶层设计,统筹好"总体谋划"与"久久为功"的关系

鹿溪河水生态治理是一项复杂系统工程,涉及水、路、岸、产、城和生物、湿地、环境等多个方面,必须从生态系统整体性和流域系统性出发,做好顶层设计,一张蓝图干到底。天府新区始终围绕建设践行新发展理念的公园城市总目标,以河长制为抓手,深入研究水环境问题产生根本原因,深刻把握治水规律和营城逻辑,以系统化思维、大流域视野做好总体谋划,以钉钉子的精神一锤接着一锤敲,脚踏实地抓成效,积小胜为大胜。

（二）要坚持因河施治，统筹好"流域治理"与"系统治理"的关系

鹿溪河段全长 49.5km，从东北向西南斜穿天府新区全境，流经天府新区郊野段、新区段、城区段，是天府新区城市发展、社会变迁的见证者和参与者，承载着天府新区人民多样的情感和记忆。天府新区在实施鹿溪河水生态整治过程中，注重将流域治理理念融入城市发展全局，根据河流物理特点和地域特色，对鹿溪河实施分段打造，让郊野段传承农耕文明，新区段记录现代发展，城区段留住市民记忆，努力让天府新区河湖成为人与自然"各美其美、和谐共生"的美好空间。

（三）要突出价值转换，统筹好"生态保护"和"经济发展"的关系

绿水青山就是金山银山。习近平总书记强调，要走生态优先、绿色发展之路，使绿水青山产生巨大生态效益、经济效益、社会效益。天府新区始终以水生态为牵引，实施鹿溪智谷、秦皇湖、兴隆湖等重要节点提升营造，塑造层次鲜明、色彩融合的滨水景观轴，串联起总部商务区、科学城片区、文创城片区，有机植入新技术、新模式、新业态、新场景，促进城市宜居、生态、商务、创新、文旅等功能融合，实现城市功能品质和区域价值同步提升。

（四）要坚持以人为本，统筹好"幸福河湖"与"美好生活"的关系

"良好生态环境是最公平的公共产品，是最普惠的民生福祉"。在水生态建设中，天府新区始终坚持以人民群众对美好水环境需求为导向，围绕麓湖、兴隆湖等因地制宜布局美食岛、美食街、特色小集市等亲水空间，植入生活、体育、文化等多层次公共服务体系，集聚夜市、夜食、夜游、露营等社群活动，为群众带去优质的生活空间、美学体验、人文感受以及发展机遇，让幸福河湖成为老市民的乡愁记忆、新蓉漂的诗和远方。

绘就山水人城和谐相融
公园城市新画卷

——天府新区以幸福兴隆湖诠释水美新天府[*]

【摘　要】成都市实施市总河长4号令,锚定建设造福人民的美丽幸福河湖为总目标,从"三水统筹""人水和谐""高质量发展"等方面,基于自然设计,采用生态工法,融合智慧、文化、发展,对兴隆湖开展系统性综合提升整治。提升后,兴隆湖自然岸线率达90%,湖底水生植被覆盖75%以上,水质常年保持在Ⅱ～Ⅲ类,"潮生活、科技感、国际范"幸福宜居滨水廊道和绿色经济产业轴在天府新区缓缓舒展开来,是成都市美丽幸福河湖建设的典型范例。

【关键词】　河长制　公园城市　兴隆湖　幸福河湖

【引　言】2018年2月11日,习近平总书记在四川天府新区兴隆湖畔考察时,首次提出建设公园城市,特别指出"要突出公园城市特点,把生态价值考虑进去"。2022年2月,国务院批复同意成都建设践行新发展理念的公园城市示范区。公园城市生态建设,其魂在水,为助推全面建设践行新发展理念的公园城市示范区,成都市以市总河长4号令印发《成都市强化河长制管理加快建设公园城市示范区美丽幸福河湖的实施意见》,加快建设美丽幸福河湖。本文以天府新区兴隆湖提升整治为例,阐述成都市以实施市总河长4号令为抓手,持续强化河长制管理,以系统思维、全域视角、生态功法全面开展河湖整治提升,带动周边生活生产业态提能增效,赋能引领城市转型发展,深度诠释公园城市美丽幸福河湖表达。

一、背景情况

兴隆湖位于四川天府新区核心区,水面4500亩、陆上景观2000亩,

---

[*] 成都市天府新区河长制办公室供稿。

库容 670 万 m^3。兴隆湖原是鹿溪河流域滞洪洼地，受上游流域影响，泥沙淤积、污染负荷较大，导致水质长期处于Ⅳ类；湖泊厌氧型底泥占比达 23%，形成内源污染源；生态系统中浮游植物占明显优势，处于"藻型"浊水状态。

成都市以市总河长 4 号令为纲要，以河湖管护的"河长制责任体系""全民行动体系""现代化管理体系"三大体系为支撑，以"人与自然和谐共生"为着力点，提升改造兴隆湖水生态、水环境、市政配套以及科创产业布局，积极建设公园城市示范区美丽幸福河湖典型示范。目前，湖区水质整体已稳定达到地表水Ⅲ类，透明度最深超过 4m，不仅改善区域水生态环境，更成为群众休闲打卡好去处，日均接待游客约 1.5 万人次，单日最高游客量达 7.5 万人次，并成功入选第一批 15 家国家水上（海上）国民休闲运动中心试点。

二、主要做法

（一）完善河湖管理体系，勾勒美丽幸福河湖机制线条

一是建设"统一领导、权责一致、权威高效"河长制责任体系。将兴隆湖纳入河长制重点管理，由天府新区党工委、管委会一把手担任"双总河长"，设置区、街道、社区三级河长 7 名。新区总河长亲自挂帅兴隆湖提升整治，区级河长深入一线、现场调度建设和治理，街道一把手担任兴隆湖街道级河长强化巡查和管护，社区河长每周 2 次巡湖全覆盖，"巡、盯、管、护"工作机制和责任体系高效运行。

二是建设"导向清晰、多元参与、良性互动"全民行动体系。兴隆湖社区作为兴隆湖生态建设的重要组成部分，坚持党建引领，融合延伸"微网实格"，以"河更清、水更澈、草更绿"为工作目标，以保护水资源、防治水污染为主要任务，积极发动辖区内的企业、物业、机关单位参与河湖保护，创立运行多支护河队伍，定期组织志愿者开展清理湖岸垃圾活动，加大湖区环境维护力度，形成共治共享共同体，使兴隆湖真正实现水清、景美，进而得以发挥文旅带动作用，推动产业高质量发展，让人民群众享受到最实惠的生态红利。

三是建设"智慧智能、共联互通、敏捷高效"现代化管理体系。结

合锦江数字孪生流域建设持续推进，在兴隆湖上游重点河段以及相关汇流区域选择10个点位进行水文、水质、水动力实时动态监测；依托供排净治一体化创新改革，对排水异常等问题调度精准溯源、靶向处置，杜绝污水直排入湖；创新利用智慧灯杆，结合水下机器人、水面无人船和空中无人机，实施水体生态系统三位一体健康评价预警机制，及时处置水生态系统扰乱问题隐患，确保水生态系统平衡、水质持续优良。

（二）强化修复自然重生，描摹美丽幸福河湖生态纹理

一是保安全，建设安澜之河湖。按照"裁弯取直"思路，在兴隆湖上游鹿溪河干流新建设长7.9km、防洪标准"100年一遇"泄洪道，实现河湖分离。重塑连通兴隆湖进出水口的深沟，营造汛期的快速排沙流场，增加截流蓄洪能力。以入湖段原鹿溪河7.6km老河道为中心，新建2700亩河流型湿地，为兴隆湖上游蓄水、净水、滞沙，打造蓄洪区。结合既有的林地、荒山、湿地、水塘等各种地形地貌，构建出总面积3800亩的"景区化、景观化、可进入、可参与"生态湿地，其中415亩蓄滞洪区有效调节库容约500万m^3。

二是治水脏，建设宜居之河湖。突出水系连通，开展鹿溪河老河道东侧兴隆湖上游流域水网优化整治，依托贾家沟、庙子沟截污分洪渠道，连通东风渠与鹿溪河生态区，全面提高水资源配置和调控水平，有效改善水生态环境。突出生态补水，充分利用分洪工程、庙子沟、贾家沟部分河段，建立应急补水通道，有效解决季节性缺水及突发污染时补水需求。突出截污控源，先后启动实施"重拳治水""农业面源污染专项治理""消黑除劣"等治水行动，关停不符合环保标准的养殖企业和高排放企业，新建排水管网1100km，建成截污干管20km，实现煎茶污水处理厂准Ⅲ类水质提升，20户以上农民集中居住区污水处理设施覆盖率达到100%。

三是促水活，建设生态之河湖。以"沉水植物群落＋水下食物网结构"为重点，应用清水型生态系统构建技术，科学配置7种沉水植物、22种挺水植物、10种土著鱼类以及5种底栖动物，形成"沉水植物—浮游生物—草食性鱼类—杂食性鱼类"水域生物链，构建健康稳定、自然调节、安全可控的水下生命系统。以"林水一体化"为关键,耦合设计建设 9 类湿地,塑造"水泽—草泽—林泽—灌丛—河岸林带"林水有机体。修复后所形成的林水一体生物群落每日碳汇量可达到约 20kg。

(三)构建宜居宜业空间,渲染美丽幸福河湖民生意境

一是塑造优质滨水岸线,建设宜居之河湖。以"生态柔性驳岸"为主,设计构筑砾石滩、沙滩、草坡等 7 种生态驳岸,自然岸线率达 90%,实现自然、经济、美观、安全相统一。清河护岸。以"清河"行动为首要抓手,有效解决侵占河道、违法倾倒、非法排污等突出问题,切实管好"盛水的盆"、护好"盆中的水"。以天府蓝网建设为抓手,顺应自然科学布局湖边两侧亲水生态带,打造具有公园城市特色、精彩天府韵味的高品质滨水岸线。

二是营造多元兴水场景,建设富民之河湖。提升河湖水生态。遵循"治水、理田、植绿、营园"实施路径,扩容生态空间、开辟滨水绿廊,打造水清岸绿、鱼翔浅底、水草丰美的生态美景,让水系水质根本改善、两岸景色焕然一新。植入多元创新业态。高效利用兴隆湖沿线土地资源,引入中科院光电所、海康威视等创新源项目,植入会展业态,实现城市功能品质和区域价值同步提升。打造创客服务空间。沿水沿岸营建 10 个特色商业街区、创新交流主题公园和 20 处咖啡馆、书吧等交流空间,打造"15 分钟创客社交圈",将进一步提升"新蓉漂""科创客"在天府新区的幸福感。

三是打造活力亲水空间,建设文化之河湖。构建滨河交通体系。建设绿道总长度 153km,构建"轨道+AI 公交+绿道+慢行"的绿色交通体系,实现绿色出行比例达到 80% 以上。完善生活服务体系。沿社区绿道布局公共服务设施,培育兴隆长滩、荧光跑道、湖畔书店等系列网红打卡地,让美丽河湖成为天府新区人民群众亲水乐水的空间。建设水文化载体。充分保护和发掘天府新区水文化遗产,以文化墙、指示牌、路标等形式植入水文化要素,策划运动嘉年华、湖畔露营等多样文体活动,努力让人们在自然与生活的交融互动中形成健康向上的生活价值观。

三、经验启示

（一）要坚持以人为本心怀国之大者，深刻理解幸福河湖内涵要义，准确把握建设幸福河湖的目标任务

习近平总书记号召，要建设造福人民的幸福河湖。幸福河湖是能够维持河湖自身健康、支撑流域与区域经济社会高质量发展、体现人水和谐，让流域内人民具有高度安全感、获得感与满意度的河湖，是对河湖的系统治理、综合管理和永续利用，涉及水安全、水资源、水环境、水生态、水文化等多个维度，关键任务聚焦在安澜、生态、宜居、智慧、文化和发展等六个方面，是以人为中心、人与自然和谐共生的理念下，全方位视野、大流域思维的综合治理。在深刻理解幸福河湖的普遍内涵、关键任务的同时，成都以总河长令形式以令促行推进美丽幸福河湖建设，融合公园城市绿水青山的生态价值、诗意栖居的美学价值、绿色低碳的经济价值、文昌人和的人文价值、健康宜人的生活价值、和谐共享的社会价值，积极探索公园城市示范区美丽幸福河湖建设的新目标、评价的新体系，努力绘就水清、岸绿、业兴、人和的新蓝图，加快建设人、城、境、业高度和谐统一大美城市新形态。

（二）要坚持以河长制为总抓手，强化现代化管理拓宽群众参与，筑牢幸福河湖"水之魂""岸之基"

习近平总书记在2017年新年贺词中说到，"每条河流要有'河长'了"。成都市自全面实施河长制以来，深入聚焦水资源管理、水域岸线管控、水污染防治、水环境治理、水生态修复和水行政执法六大任务，持续建立健全河长制组织、制度、责任和工作体系，不断提高治水管水能力，在持续改善河湖面貌和水生态环境质量中发挥前所未有的巨大作用。幸福河湖，是河湖治理建设的最新要求、更高标准。幸福河湖核心在水、关键在岸，要建设好幸福河湖，治理好盆中水、管理好盛水盆，就必须要始终坚持以河长制为总抓手，突出总河长领导指引作用，深刻把握治水规律和营城逻辑，以系统化思维、大流域视野做好总体谋划，深化群众共治共享的氛围，以钉钉子的精神一锤接着一锤敲，定然能在幸福河湖建设中取得突出成效。

(三)要突出河湖生态价值转换,统筹河湖保护与经济社会发展,推动"幸福河湖"成就"美好生活"

习近平总书记强调,要走生态优先、绿色发展之路,使绿水青山产生巨大生态效益、经济效益、社会效益。"良好生态环境是最公平的公共产品,是最普惠的民生福祉"。在美丽幸福河湖建设中,我们要始终坚持以回应群众对美好生活的期盼为导向,以水生态为牵引,有机植入新技术、新模式、新业态、新场景,绘就产业集聚、燕飞鱼跃、湖光山色、相映成趣的公园城市水美画卷。同时,充分利用河湖优美空间,构建"体育+"消费场景,融合露营帐篷、灯光秀、放水灯、音乐节、围炉煮茶等时尚生活新风潮,实现水上群众体育和文化旅游的深度融合与协调发展,让幸福河湖为群众提供优质的生活空间、美学体验、人文感受,同时带来活力新体验和发展新机遇。